Eisenbahnbibliothek bei *franckh*

Rolf Löttgers

Die Dieselloks der Baureihen V 20 und V 36

Franckh'sche Verlagshandlung
Stuttgart

Mit 91 Schwarzweißfotos und 22 Zeichnungen

Umschlag gestaltet von Kaselow Design München,
unter Verwendung eines Fotos von R. Löttgers. Es zeigt
die Lok V 36 231 in Witten-Bommern, aufgenommen
am 1.9. 85.

CIP-Kurztitelaufnahme der Deutschen Bibliothek

Löttgers, Rolf:
Die Dieselloks der Baureihe V 20 und V 36 /
Rolf Löttgers. – Stuttgart : Franckh, 1986.
  (Eisenbahnbibliothek bei Franckh)
ISBN 3-440-05673-2

Franckh'sche Verlagshandlung, W. Keller & Co.,
Stuttgart/1986
Das Werk einschließlich aller seiner Teile ist urheber-
rechtlich geschützt. Jede Verwertung außerhalb der
engen Grenzen des Urheberrechtsgesetzes ist ohne
Zustimmung des Verlages unzulässig und strafbar.
Das gilt insbesondere für Vervielfältigungen, Über-
setzungen, Mikroverfilmungen und die Einspeicherung
und Verarbeitung in elektronischen Systemen.
© 1986, Franckh'sche Verlagshandlung,
W. Keller & Co., Stuttgart
L 10 hu H He/ISBN 3-440-05673-2
Printed in Germany/Imprimé en Allemagne
Satz: Brönner & Daentler KG, Eichstätt
Herstellung: Wilhelm Röck, Weinsberg

Foto Seite 2: „Ende" für die V 36 – im Juni 1964 war im
Bw Aalen davon noch nicht die Rede.

Die Dieselloks der Baureihen V 20 und V 36

Dieselllokomotiven für die Wehrmacht ...	7
Das Typenprogramm	7
Lieferung und Einsatz dieser Fahrzeuge ..	10
Das Beispiel des Lokherstellers DWK ...	12
Die Übernahme von ehemaligen Wehrmachts-Dieselloks durch die deutsche Bundesbahn bzw. deren Rechtsvorgängerin	17
Die Nachkriegs-Beschaffungen von V 36 durch die DB	21
Fahrzeugbeschreibung der WR 360 C 14 – DWK/Holmag Fabrik-Nr. 2006-2019	23
Allgemeines	23
Motoranlage	23
Getriebe	26
Fahrzeug	26
Sonderausrüstung	28
Die Baureihe V 20	29
Übersicht über die V 20 der DB	29
Konstruktive Unterscheidungsmerkmale .	29
Lebensläufe	34
Die Baureihe V 36	39
Übersicht über die V 36 der DB	39
Die Varianten im Überblick	41
V 36^0	41
V 36^1	43
V 36^2	44
V 36^3	45
V 36^4	47
Sonstige konstruktive Unterscheidungsmerkmale	51
Bauartveränderungen zur Verbesserung der Streckentauglichkeit	52
Lebensläufe	55
Die V 20 und V 36 im Betrieb der Deutschen Bundesbahn	65
Die Einsätze im Überblick	65
Vorortverkehr und Nebenbahnbetrieb: Bw Bremen Hbf/Vegesack	71
V 36-Dienste im Rhein-Main-Gebiet	74
Wendezugbetrieb mit Länderbahnwagen: V 36 + Cid Wü	82
Von Husum bis Freilassing – einige Stationen	85
V 20 und V 36 bei deutschen Privat- und Museumsbahnen	97
Bescheidene Dienste: V 20/V 36 in Hamburg und Schleswig-Holstein	97
Ein V 36-Paradies: Die Verkehrsbetriebe Grafschaft Hoya	98
V 20/V 36 bei anderen niedersächsischen Privatbahnen	100
Lebenslauf der V 20/V 36 der Deutschen Eisenbahn-Gesellschaft	103
V 36 bei Privatbahnen in Hessen	104
Zuflucht für die Bundesbahn-V 36^3: Die Mindener Kreisbahnen	106
Nur ein vorübergehender Notbehelf: Die V 36^3 der Westfälischen Landes-Eisenbahn	108
V 20/V 36 bei Werksbahnen	110
V 20/V 36 bei US Army und Rheinarmee ..	111
V 20/V 36 bei Museumsbahnen	113
Anhang: V 20 und V 36 außerhalb des Bereichs der DB	115
Deutsche Reichsbahn	115
Österreich	117
Dänemark/Schweden	122
Frankreich	123
Andere Länder	124
Literatur	125
Abbildungsnachweis	126

Links: Ausschnitt aus einer Schwartzkopff-Anzeige von 1937 (Organ).

Zweiachsige Schwartzkopff-DIESELLOKOMOTIVE 360 PS mit einer gleichstarken, gleichartigen, dreiachsigen Lokomotive anderer Herkunft zusammen arbeitend.

Unten: 1940 brachte Schwartzkopff sogar die stromlinienverkleidete 10^{10} mit der V 36 auf eine Anzeige (Verkehrstechnik).

SCHWARTZKOPFF

Oben: Im Werkshof von Schwartzkopff haben sich 1938 gleich vier V 36 versammelt (Verkehrstechnik Januar 1939).

Diesellokomotiven für die Wehrmacht

Das Typenprogramm

Gemeinsam mit Deutz waren die Deutschen Werke Kiel die ersten Großlieferanten von Dieselloks für den Verschub in Artilleriedepots und auf Flugplätzen der Luftwaffe. Die Referenzliste der DWK nennt bis April 1934 Lieferungen an die Artillerie-Depotinspektion Norderney, das Sperrdepot Swinemünde und das Marine-Artilleriedepot Borkum, daneben taucht in der Lieferliste bis Ende 1935 allein 13mal der Vermerk „Luftwaffe" auf. Im Gegensatz zur Reichsbahn waren Wehrmacht und Industrie schon damals beachtliche Abnehmer für Dieselloks, ja sie brachten die Entwicklung der Diesellok mit ihren Bestellungen letztlich um den entscheidenden Schritt voran!

Die Vorteile der Diesellok gerade bei Wehrmacht und Industrie lagen auf der Hand. Da brauchten keine Dampfloks unter Dampf vorgehalten zu werden, um stundenweise Güterwagen zu rangieren, da brauchten auch keine speziell ausgebildeten Lokführer beschäftigt zu werden, die die komplizierte Maschinerie der Dampflok beherrschten, wie auch kaum aufwendige Werkstätten vorhanden sein mußten, in denen die Loks gewartet werden konnten. Hinzu kam, insbesondere bei den Wehrmachtseinsätzen, der Sicherheitsfaktor. Munitionsdepots und Treibstofflager sind nicht gerade der richtige Ort für Dampfloks mit offenem Feuer. Da ist die Diesellok – vor allem mit explosionsgeschütztem Motor – wohl eher das geeignete Rangierfahrzeug.

Die guten Erfahrungen im Depotverschub veranlaßten die Wehrmacht, nach stärkeren Dieselloks Ausschau zu halten. Die bis dahin von der Industrie angebotenen Loks (bei DWK vor allem die Typen mit 55 oder 80 PS) reichten für die gesteckten Ziele nicht aus. Zudem war man bemüht, eine größtmögliche Vereinheitlichung zu erreichen, um die Dieselloks noch wartungsfreundlicher zu machen. Ausgehend von den Lieferprogrammen der Motorindustrie, wurden von der *Arbeitsgemeinschaft Motorlok-Wehrmacht* dieselhydraulische Lokomotiven mit 200/220, 360 und 550 PS ins Auge gefaßt. Voith in Heidenheim hatte Mitte der dreißiger Jahre die Entwicklung hydraulischer Getriebe soweit vorangetrieben, daß auch hier brauchbare Modelle vorlagen.

Schwartzkopff in Wildau war bei dieser 1935 gegründeten Arbeitsgemeinschaft federführend. So ist es wenig verwunderlich, daß dieses Unternehmen sich in den folgenden Jahren auch den größten Brocken von diesem Kuchen reservierte. Hervorzuheben ist in dieser Anfangsphase auch das Engagement von Orenstein & Koppel. Schwartzkopff und O & K waren es, die Anfang 1937 die ersten Prototypen herausbrachten: Zweiachser mit 240 PS (240 B 17) und Dreiachser vom Typ 360 C 12 bzw. 14. Die 240 PS starke Variante mit ihren 17 t Achsdruck (Lokgewicht 33 t) erwies sich als zu schwer und wurde deshalb in der Folgezeit nicht weitergebaut. O & K führte sie jedoch wenigstens bis 1938 weiter im Programm. Die anfangs nur 36 t schwere 360 C 12 blieb ebenfalls auf der Strecke. Statt ihrer wurde die 360 C 14 zur Serienreife entwickelt, die schwerere Variante mit 40 statt 36 t Gewicht.

Eine *Höchstgeschwindigkeit* von 45 km/h, wie sie für all diese Prototypen galt, reichte für einen Streckeneinsatz auf Reichsbahngleisen nicht aus. Aus diesem Grunde wurden die Serienfahrzeuge generell für 60 km/h ausgelegt, was durch einen *zweiten Fahrbereich* (Rangiergang bis 30 km/h, Streckengang bis 60 km/h) möglich wurde. Außerdem richtete man die Serienloks für Doppeltraktion ein, so daß sie vor schweren Zügen auch zu

MIT HYDRAULISCHER KRAFTÜBERTRAGUNG

Die Lokomotiven können für Spurweiten von 1000 – 1676 mm ausgeführt werden. Auf Wunsch können die Lokomotiven mit Schutzvorrichtungen gegen Feuer- und Explosionsgefahr (für feuergefährliche Betriebe) ausgerüstet werden. Mit Ausnahme der 110 PS Lokomotiven sind alle Bauarten mit Fernsteuerung für Betrieb als Doppellokomotive und Bedienung von e i n e m Führerstand aus versehen.

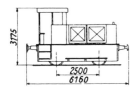

BAUART LDF 110 B
- Leistung . . . . 110 PS
- Dienstgewicht . . . . 19 t
- Geschwindigkeitsbereich . . . . 0 - 30 km/h
- Größte Zugkraft . . . . 5500 kg
- Zugkraft bei V max . . . . 550 kg

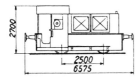

EINHEITSBAUART LDFE 110 B
- Leistung . . . . 110 PS
- Dienstgewicht . . . . 19 t
- Geschwindigkeitsbereich . . . . 0 - 30 km/h
- Größte Zugkraft . . . . 5500 kg
- Zugkraft bei V max . . . . 550 kg

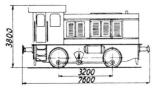

EINHEITSBAUART WR 200 B 13
- Leistung . . . . 200 PS
- Dienstgewicht . . . . 26 t
- 2 Fahrbereiche   Geschwindigkeit   Zugkraft
- Verschiebedienst: 0 - 30 km/h   8300 - 1200 kg
- Streckendienst: 0 - 60 km/h   4250 - 400 kg

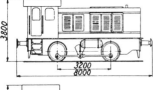

EINHEITSBAUART WR 280 B 15
- Leistung . . . . 280 PS
- Dienstgewicht . . . . 30 t
- 2 Fahrbereiche   Geschwindigkeit   Zugkraft
- Verschiebedienst: 0 - 30 km/h 10000 - 1700 kg
- Streckendienst: 0 - 60 km/h   5500 - 550 kg

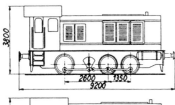

EINHEITSBAUART WR 360 C 14
- Leistung . . . . 360 PS
- Dienstgewicht . . . . 40 t
- 2 Fahrbereiche   Geschwindigkeit   Zugkraft
- Verschiebedienst: 0 - 30 km/h 13300 - 2200 kg
- Streckendienst: 0 - 60 km/h   8100 - 850 kg

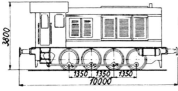

EINHEITSBAUART WR 550 D 14
- Leistung . . . . 550 PS
- Dienstgewicht . . . . 56 t
- 2 Fahrbereiche   Geschwindigkeit   Zugkraft
- Verschiebedienst: 0 - 30 km/h 18500 - 3450 kg
- Streckendienst: 0 - 60 km/h 11000 - 1450 kg

Aus einer Schwartzkopff-Druckschrift: Das Typenprogramm dieselhydraulischer Lokomotiven von 110 bis 550 PS

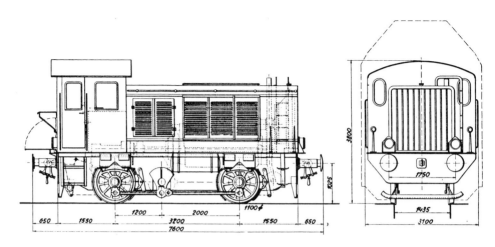

WR 200 B der Standardausführung

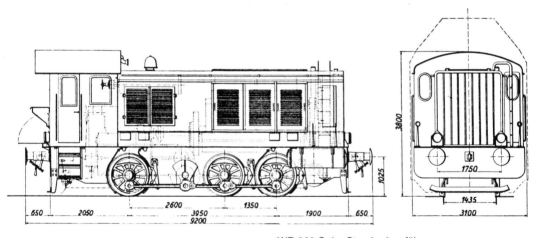

WR 360 C der Standardausführung

zweit, Führerstand an Führerstand, gefahren werden konnten. Hierfür reichte ein Lokpersonal aus.
Am Beispiel der „alten" und der „neuen" 240 B bzw. 360 C wird deutlich, wieviel die Loks durch diesen zweiten Fahrbereich gewonnen haben:

Bauart	Anzahl der Bereiche	Anfahrzugkraft
240 B 17	1	8 250 kg
240 B 17	2	11 000 kg (Rangier)
		6 000 kg (Strecke)
360 C 12	1	11 000 kg
360 C 14	2	13 000 kg (Rangier)
		8 000 kg (Strecke).

Das *Typenprogramm*, wie es ab Ende 1937 zur Auslieferung kam, ist weithin bekannt: WR 200 B 14, WR 360 C 14, WR 550 D 14, wobei W für **W**ehrmacht und R für **R**egelspur steht, gefolgt von der Motorleistung in PS, der Achsfolge und dem Achsdruck in t.

Neben diesen drei Standardtypen, die es – mit Ausnahme der 550-PS-Variante – zu größerer Verbreitung brachten, existierten jedoch noch eine ganze Reihe von Spielarten, wie andererseits auch die Lokhersteller versuchten, für jeden Kundenwunsch die geeignete Fahrzeugtype zu liefern. Die WR 360 C 12 (statt 14) wurde lt. Linden (S. 19) allein 19x mit Deutzmotor von Orenstein & Koppel in den Jahren 1938–41 gebaut. Die WR 160 B 12 war eine Deutz-Entwicklung von 1936 (wir begegnen ihr später als V 16 100 der DB). Deutz baute Anfang der vierziger Jahre auch eine WR 200 B 13, von der etliche Exemplare bei der Bundesbahn als V 20 eingereiht wurden. Auch Schwartzkopff hatte die WR 200 B 13 im Programm, daneben eine WR 280 B 15. Man sieht, wie vielfältig schon damals diese „vereinheitlichten" Wehrmachts-Dieselloks waren.

Zum Schluß sei auf eine Sonderform der WR 360 C 14 hingewiesen, wie sie vor allem dort zum Einsatz gelangte, wo Treibstofflager eine erhöhte Explosionsgefahr darstellten: die explosionsgeschützte WR 360 C 14 **K**, wobei dieses K für Auspuff-**K**ühlanlage steht. Nach dem Krieg wurden auch Bundesbahn-V 20 mit Explosionsschutz versehen.

Lieferung und Einsatz dieser Fahrzeuge

Es bedarf wohl eines aufwendigen Hin- und Herrechnens, um die exakte Stückzahl aller jemals gebauten WR 200/360/550 und ihre Verteilung auf die einzelnen Lokhersteller herauszubekommen. Da es in diesem Buch vor allem um die Bundesbahn-Zeit dieser Fahrzeuge geht, sollen solche Rechnungen unterbleiben und statt dessen nur eine dieser Aufstellungen – mit all ihren Fragezeichen – wiedergegeben werden. Sie basiert auf den Aufzeichnungen der Firma Voith, des Getriebeherstellers also; abgedruckt ist sie in Gottwaldt 1973, S. 145:

Lieferübersicht der vereinheitlichten Wehrmachts-Dieselloks WR 200 B/360 C/550 D 14 bis 1943

Lieferer	Typ	1937	1938	1939	1940	1941	1942	1943	Summe
1. Schwartzkopff/ BMAG	B			10	20				30
	C	18	37	30	31	28		4	148
	D			3	1				4
2. Deutz	B				61	5			66
	C		2		14	10	16		42
	D				1				1
3. Gmeinder	B				4	10			14
4. Henschel	C				5				5
5. Jung	B		2		5				7
	C		7		5				12
6. Krupp	B		1						1
	C		4						4
7. O & K/ MBA	B		1		10				11
	C	24	14	9	34				81
	D				1				1
Summe Typ WR 200 B 14			4	10	100	15			129
Summe Typ WR 360 C 14		42	64	39	89	38	16	4	292
Summe Typ WR 550 D 14				3	3				6

aus: Gottwaldt 1973, S. 145

Die vorstehende Tabelle reicht nur bis zum Jahr 1943, wobei anzunehmen ist, daß die Liste schon zu Anfang jenes Jahres „schließt". Es fehlen also die übrigen Lieferungen von 1943 und 1944. Dadurch taucht der Lokhersteller DWK in dieser Aufstellung überhaupt nicht auf, denn seine Lieferungen von *WR 360 C 14* datieren ausnahmslos von 1944 oder später. Nicht erfaßt sind natürlich auch die Nachbauten, gleichgültig, ob es sich hier um die Verwertung von bei Kriegsende noch vorhandenen Bauteilen handelt, oder um Neu-

Eine der wenigen Anzeigen von O & K mit V 36-Motiven (Verkehrstechnik 1937).

konstruktionen aus später aufgegebenen Bestellungen.
Schwartzkopff oder – wie das Unternehmen sich auch nannte – BMAG (Berliner Maschinenbau Actien-Gesellschaft) ragte bei diesen Lieferungen deutlich heraus. Die Hälfte aller bis zu jenem Zeitpunkt gebauten WR 360 C 14 ging auf sein Konto. Zweitwichtigster Lieferant war Orenstein & Koppel oder MBA (Maschinenbau und Bahnbedarf) mit immerhin mehr als 80 Loks dieses Typs, gefolgt von Deutz und – in großem Abstand – von Jung, Henschel und Krupp.
Bei der zweiachsigen *WR 200* dominierte Deutz in ähnlichem Maße, wie dies bei der WR 360 Schwartzkopff tat, wobei allerdings zu bedenken ist, daß hier die Stückzahlen nur etwas mehr als 40 % der dreiachsigen Variante ausmachten. Krupp und Jung traten auch hier kaum in Erscheinung, Gmeinder konnte sich wenigstens 1940/41 einen bescheidenen Anteil sichern, O & K hielt sich zurück, setzte mehr auf die WR 360, und ähnliches läßt sich von Schwartzkopff sagen, wiewohl hier 30 Loks gemessen an den rd. 130 insgesamt verzeichneten WR 200 schon eine stattliche Zahl ausmachen.
Was schließlich die vierachsige *WR 550 D 14* angeht, so kamen hier überhaupt nur sechs Lokomotiven heraus, verteilt auf drei Hersteller. Diejenige von Deutz – Fabriknummer 27 307 – war 1940 in Auftrag gegeben worden und – lt. Linden – am 30. Mai 1942 zur Auslieferung gelangt. Diese Notiz offenbart bereits eines der vielen Fragezeichen der Voith-Liste, die die Deutzlok unter dem Jahre *1940* führt, nicht also unter ihrem tatsächlichen Lieferjahr.
Die Lokomotivindustrie nutzte die Auslieferung der ersten vereinheitlichten Wehrmachts-Diesel-loks zu einem beachtlichen *Werbefeldzug*. Auch hier hebt sich Schwartzkopff von der Masse der Hersteller ab. In zahlreichen Varianten erschienen in Aufsätzen und Anzeigen Bilder von dem Gespann aus einer zwei- und einer dreiachsigen 360-PS-Lok vor einem Meßzug mit einer Reichsbahndampflok als Bremslok am Zugschluß. Die im Sommer 1937 gemachten Aufnahmen zeigen allesamt eine zweiachsige 360-PS-Lok von Schwartzkopff und eine dreiachsige 360-PS-Lok von O & K, Führerhaus an Führerhaus, als „720-PS-Doppellokomotive". Als dann auch Schwartzkopff eine eigene dreiachsige WR 360 zur Verfügung hatte, verschwand die ursprüngliche Anzeige in den Archiven und statt dessen gab es – ebenfalls in mehreren Ausführungen – das Bild einer 720-PS-Doppellokomotive von Schwartzkopff. Schwartzkopff gestaltete in den dreißiger Jahren einige recht bemerkenswerte Anzeigen

mit der WR 360. Beeindruckend ist die Kombination aus verkleideter 01^{10} und „dieselhydraulischer 360/360 PS ferngesteuerter Doppellokomotive" von Anfang 1939 und die Darstellung von vier WR 360 im Werkshof von Schwartzkopff, ebenfalls von Anfang 1939. Neben Schwartzkopff warb auch Orenstein & Koppel für seine Rangierlok. Die schon 1937 in der Verkehrstechnik abgedruckte Anzeige, WR 360 vor Kraftwerkskulisse, bleibt vom Text her seltsam ungenau. Ansonsten sind nur Anzeigen von Voith bekannt, während die anderen Hersteller sich – teilweise erklärbar durch ihren geringen Anteil an der Lokproduktion – mit Anzeigen zurückhielten. Auffallend ist, daß Deutz ab Mitte der dreißiger Jahre kaum noch Anzeigen mit Diesellok-Motiven herausbrachte.

Wie bereits angedeutet, wurden die WR 200 und WR 360 vornehmlich auf *Anschlußgleisen der Wehrmacht* eingesetzt.

Streckendienste dürften die große Ausnahme gewesen sein. Die O & K-WR 360 C 14 K, Fabriknummer 21 132, von 1940, wurde z. B. dem Flakregiment I/XI in Rotenburg/Han zugewiesen, die Schwestermaschine 21 138 (ebenfalls 1940) kam auf ein Anschlußgleis im Bereich der RBD Nürnberg. Die WR 360 C 14, Fabriknummer 11 700, von Schwartzkopff (Baujahr 1943) legte am 21. Mai 1943 ihre Abnahmefahrt von Harlingen nach Hitzacker zurück und versah ab 8. Juni bis Kriegsende Dienst im Wifo-Lager Hitzacker (später: DB V 36 121).

Eine andere WR 360 C 14 – später DB V 36 105 – war schon vor der offiziellen Abnahme am 26. März 1944 in Rügenwalde stationiert. Das Betriebsbuch verzeichnet als Standort Rügenwalde den Zeitraum vom 19. 3. 44 – 27. 5. 44, anschließend die Heeresmunitionsanstalt Neuenwalde (Orenstein & Koppel 1944/21 467). Die WR 200 B 14, Fabriknummer 36 624, von Deutz (Baujahr 1944) absolvierte am 5. April 1944 ihre Abnahmefahrt auf einem Privatanschluß der Luftwaffe (später DB V 20 032). Und schließlich sei noch aus dem Betriebsbuch der DWK-Lok 2004 von 1944 zitiert (der späteren V 36 118): bis 9. 8. 44 Rehagen-Clausdorf, 10. 8. 44 – 19. 9. 44 Lehr- u. Ers.-Abt. (mot) 100 in Rügenwalde, 20. 9. 44 – ? Battr. (E) 688, 20. 11. 44 – 8. 12. 44 Art.-Abt. zbV 725 Batt. (E) 688.

Hingewiesen werden soll aber auch auf Lokeinsätze bei *privaten Munitionsfabriken*, allen voran der späteren Firma Wolff & Co. Nach Auskunft von Bahnbediensteten hatten die zum Konzern gehörenden Pulverfabriken Wolff, Eibia, Liebenau und Dörverden (im Raum Verden/Hoya/Walsrode) um 1938/40 ein rundes Dutzend WR 360 C 14 von Schwartzkopff bekommen und als V 36 1–11 (?) eingesetzt. Bei Wolff war damals ein beachtlicher Fahrzeugpark vorhanden, in Spitzenzeiten bis zu 18 Dampfloks, dazu annähernd 400 Güterwagen, was allein schon auf die kriegswirtschaftliche Bedeutung schließen läßt. In den ersten Nachkriegsjahren wurden die meisten dieser Dieselloks verkauft; die letzte soll erst im Dezember 1962 nach Kiel gekommen sein. Bekannt ist – dies sei am Rande vermerkt – der aushilfsweise Einsatz der DB-V 36 203 bei Wolff & Co. von November 1965 bis März 1966.

Einige WR-Loks kamen weit außerhalb Deutschlands zum Einsatz. Hier ist vor allem zu denken an die Dienste in *Nordafrika*. Nach Auskunft des Militärgeschichtlichen Forschungsamtes in Freiburg waren dort 1942 insgesamt acht Wehrmachts-Dieselloks angelandet worden: fünf WR 200 B 14, eine WR 360 C 14 und zwei WR 550 D 14. Von der WR 360 C 14 (Wehrmachtsnummer 12 115) ist sogar noch das Datum der Ausladung im Hafen von Tobruk überliefert, der 5. August 1942. Lokomotiven und alles rollende Material fielen im November 1942 den Engländern in die Hände.

Das Beispiel des Lokherstellers DWK

Von März 1932 bis August 1944 lieferten die Deutschen Werke Kiel (DWK) insgesamt 245 Dieselloks. Großabnehmer waren von Anfang an

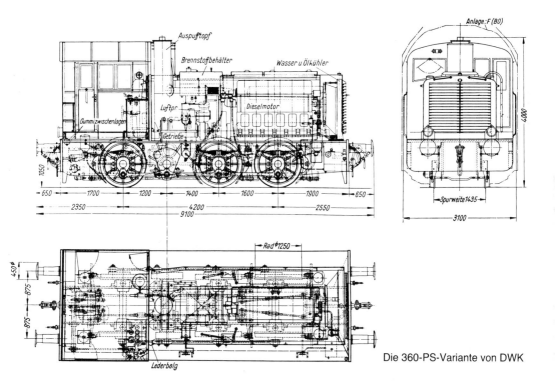

Die 360-PS-Variante von DWK

verschiedene *Luftwaffen- und Marinedienststellen*, teilweise auch das Reichsluftfahrtministerium bzw. das Oberkommando des Heeres. Auffällig ist die frühzeitige Lieferung von Dieselloks an Betriebe der IG Farben und der Schwerindustrie. Hinzu kamen Loklieferungen an *deutsche Privatbahnen*, wie die Ruppiner Eisenbahn, die Hohenlimburger Kleinbahn, an das Landesverkehrsamt Brandenburg, an die Bahnen des Bachstein-Konzerns und die Mecklenburgische Friedrich-Wilhelm-Eisenbahn, doch bewegten sich die Stückzahlen insgesamt in eher bescheidenem Rahmen. Unter den Abnehmern im *Ausland* fallen Rußland (1932) mit 33 Loks und verschiedene schwedische Bahnen bzw. Betriebe auf, vor allem die Nora Bergslags Järnväg, die sich bis in die Nachkriegsjahre hinein eine regelrechte Flotte von DWK-Dieselloks zulegte. DWK hat stets eine breite Palette normal- und schmalspuriger Dieselloks angeboten (für den Rußland-Auftrag wurden auch Breitspurfahrzeuge geliefert). Durchweg waren es zweiachsige Loks von 55 bis 200 PS, ab 1938 vermehrt auch Dreiachser mit 220 oder sogar 360 PS. Die Grundkonstruktion bei den einzelnen Leistungsklassen blieb all die Jahre weitgehend dieselbe. Änderungen gab es nur im Detail: anfangs 55-, 80-, 100-, 150- und 200-PS-Loks, später dann 110-, 160-, 200/220- und 360-PS-Loks. Besonders erfolgreich waren die Typen 80 B, 150 B/160 B und 200 B/220 B, 220 C, von denen jeweils in der Größenordnung von 50–60 Stück geliefert wurden.

Im Gegensatz etwa zu Schwartzkopff, rüsteten die DWK ihre Dieselloks fast ausnahmslos mit Motoren und Getrieben eigener Fertigung aus. Der Arbeitsgemeinschaft Motorlok-Wehrmacht hielten sie sich fern, möglicherweise deshalb, weil die DWK schon Mitte der dreißiger Jahre eine solch starke Position ausgebaut hatten, daß man sich in Kiel von einer engen Kooperation mit anderen Lokomotivbauern nicht viel versprach. So besaßen denn auch die für die Wehrmacht gebauten Diesellok ihr typisches „DWK-Äußeres", hatten nur entfernt Ähnlichkeit mit den Einheitstypen WR 200 ff.

Übersicht über die drei Varianten von V 36, wie sie die DWK 1938–1943 selber entwickelt und gebaut hat

	Fabrik-Nr.	Ablieferung am	an	später
I	610	30.01.38	Luftwaffe	V 36 310 → Han 9678 → WLE 0608
II	686	22.04.40	LVA Brand.	Landesverkehrsamt Brandenburg für Friedeberg – Alt-Libbehne → Oderbruchbahn 3 – 420 → DR-Ost V 36 109 → V 36 050
	687	03.07.40	Luftwaffe	
	688	17.09.40	Luftwaffe	V 36 311 → MKB 9 → MKB 5 → BLME
	689	28.12.40	Luftwaffe	V 36 312 → MKB 7
	690	04.03.41	Luftwaffe	V 36 313
	691	14.07.41	Marine	V 36 314 → MKB 8 → MEM
	692	12.08.41	Luftwaffe	V 36 318 → MKB 6
	693	30.09.41	Luftwaffe	V 36 315 → Maxhütte → WLE 0606
	694	15.12.41	Luftwaffe	V 36 317 → Maxhütte → WLE 0607
	695	09.02.42	Luftwaffe	Landesverkehrsamt Brandenburg für Beeskow – Fürstenwalde 4 – 420 → DR-Ost V 36 695
III	756	43	Marine	V 36 301 → Han 9679 → MKB 11
	757	43	Luftwaffe	DR-Ost V 36 757
	758	43	Luftwaffe	Jugo Petrol, Belgrad
	759	43	Luftwaffe	Hüttenwerke Siegerland?
	760	44	Luftwaffe	Schiffswerft Linz/D – Stickstoffwerke Linz/D – Chemie Linz, Werk Linz – Werk Enns
	776	44	Marine	V 36 316 → RTC → Peeters → MKB 12 → Almetalbahn → Museum Dieringhausen
	778	44	Marine	
	779	44	Luftwaffe	DR-Ost V 36 779 → V 36 053

Abmessungen

	LüP	Höhe	Breite	Rad-$\varnothing$	Achsstand
I	9100	4250	3100	1250	3500
II	9100	4000	3100	1250	4000
III	9100	4000	3100	1250	4200

Gewicht
Fabrik-Nr. 610, 687–690, 692–695, 757–759, 776 + 779: 51 t,
Fabrik-Nr. 689, 691, 756, 760, 778: 41 t

Motor
für alle: DWK 6M30 mit 360 PS bei 750 U/min
1960 bekamen Fabrik-Nr. 690, 692–694 den MaK-Motor MS 301 F

Getriebe
für Variante I + II DWK 30 C
           III   DWK LB 30

(Quelle: DWK-Lieferliste)

Zudem hielten die DWK auch bei den 360-PS-Loks am mechanischen Getriebe eigener Herstellung fest, stiegen also auch hier nicht auf das Erzeugnis des Hauses Voith um. Dieser Umstand brachte es mit sich, daß die nach dem Krieg von der DB übernommenen ehemaligen Wehrmachts-Diesellok von DWK Splitterbauarten blieben bzw. zunächst einmal den Serienbauten angepaßt werden mußten. Nur einmal, am 21. Januar 1943, bekamen auch die DWK einen Auftrag über insgesamt zehn WR 360 C 14 K, je fünf zu liefern an das Reichs-Luftfahrtministerium (RLM) und das Oberkommando des Heeres (OKH). Verein-

Mit der Fabriknummer 610 begann 1937 bei DWK das V 36-Zeitalter. Diese einzige noch mit Mittelführerhaus ausgerüstete Lok wurde im Januar 1938 an die Luftwaffe abgeliefert.

bart war eine Ablieferung im Oktober/November 1943 (Fabrik-Nummer 2001–2005) bzw. November/Dezember 1943 (Fabrik-Nummer 2006–2010).

In den Auftragslisten ist in den folgenden Monaten viel herumgebessert worden. Zeitweilig sollten es nur vier Maschinen für das OKH werden, der Motortyp V6M 436 von Deutz wurde, wie er für die OKH-Maschinen vorgesehen war, durch den RSH 235s von MWM ersetzt, während andererseits für die fünf RLM-Maschinen nur mehr Deutz-Motoren eingeplant waren (statt der zunächst alternativ vorgesehenen MWM-Motoren); dies alles ist ein Beleg für die gegen Kriegsende zunehmenden Lieferschwierigkeiten bei den Zulieferungen. Diese Lieferschwierigkeiten offenbarten sich schließlich auch in den Terminen. Statt Ende 1943 wurde es Spätsommer 1944, ehe die letzte der fünf vom OKH in Auftrag gegebenen WR 360 C 14 K das Werk verließ. Die fünf für das RLM bestimmten Maschinen kamen gar nicht mehr zur Auslieferung. Aus den nach dem Krieg vorhandenen Teilen entstanden 1947 die V 36 150 ff.

Übersicht über die komplette Serie DWK/Holmag 2001–2019 WR 360 C 14 K

Fabrik-Nr.	Lieferdatum	an	Bemerkungen	Fabrik-Nr.	Lieferdatum	an	Bemerkungen
DWK				2012	29.07.48	DR München	V 36 255
2001	18.02.44	Oberkommando d. Heeres	DB V 36 115	2013	24.08.78	Post Hannover	
2002	25.04.44	Oberkommando d. Heeres	DB V 36 117	2014	13.10.48	DR München	V 36 257
2003	23.05.44	Oberkommando d. Heeres		2015	13.10.48	DR München	V 36 258
2004	06.06.44	Oberkommando d. Heeres	DB V 36 118	2016	13.10.48	DR München	V 36 259
2005	22.08.44	Oberkommando d. Heeres	DR-Ost V 36 033	2017	19.11.48	DR München	V 36 260
Holmag				2018	19.11.48	DR München	V 36 261
2006	11.11.47	DR Bremen	V 36 150	2019	20.12.48	DR München	V 36 262
2007	16.12.47	DR Nürnberg	V 36 151 → 251				
2008	16.12.47	DR Nürnberg	V 36 152 → 252				
2009	16.12.47	DR Nürnberg	V 36 153 → 253				
2010	16.12.47	DR Nürnberg	V 36 154 → 254				
2011	29.07.48	DR München	V 36 256				

Quelle: Lieferliste MaK. „Bremen" bzw. „Nürnberg" bezieht sich wohl auf das jeweilige RAW, „München" auf das EZA

Alle weiteren 360-PS-Loks bekamen dann Endführerstände (Verkehrstechnik 1940).

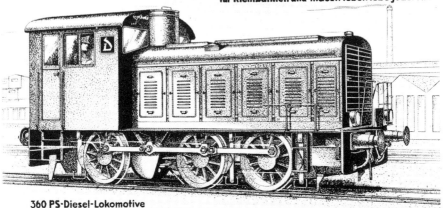

Die Übernahme von ehemaligen Wehrmachts-Dieselloks durch die Deutsche Bundesbahn bzw. deren Rechtsvorgängerin

Eine Betrachtung der Stationierungsdaten zeigt, daß schon unmittelbar nach Kriegsende erstaunlich viele V 20 und V 36 bei DR-Betriebswerken im Einsatz standen. Dies deutet darauf hin, daß möglicherweise auch schon einmal recht unbürokratisch auf Triebfahrzeuge zurückgegriffen wurde, die auf Anschlußgleisen der vormaligen Wehrmacht oder auf den Reichsbahnstrecken selber vorgefunden wurden. In einigen Fällen wurde die Lok vom Wehrmachtsanschluß an das nächstgelegene Bw überführt und zunächst einmal dort in Dienst gestellt.

Es ist nicht möglich, all das einigermaßen lückenlos zu rekonstruieren, was in den Jahren bis 1950 zur DB gestoßen ist. Die Betriebsbücher weisen gerade hier ihre größten Lücken auf, und die Eisenbahndirektionen hatten in jenen Jahren wahrlich Wichtigeres zu tun als Aktenberge über diese ehemaligen Wehrmachtsfahrzeuge anzulegen. Einen – möglicherweise hilfreichen – Hinweis enthält der Aufsatz von Flemming (1958), wo es heißt, daß nach dem Krieg im Gebiet der heutigen DB insgesamt 26 Dieselloks, vornehmlich Wehrmachtsloks mit 360 PS, vorgefunden worden seien (dazu die DR-V 140), die dann an die Rechtsvorgängerin der späteren DB gingen. 1949 – so heißt es weiter – seien weitere 96 V 36 aus Wehrmachtsbeständen hinzugestoßen.

Im Jahresbericht von 1949 wird für Ende Dezember 1949 die Gesamtzahl von 128 Dieselloks genannt. In jenem Jahr 1949 habe sich der Bestand um zwei V 20 und vier V 36 aus Wehrmachtsbeständen und vier V 36 aus Neulieferungen erhöht (+ eine Doppellok mit 2x 940 PS). Es ist müßig herumzurechnen, welche V 20 und V 36 zu welchem Zeitpunkt von der DR bzw. DB übernommen worden sind. Die in den verschiedenen Statistiken genannten Zahlen passen nie zusammen.

Interessant ist immerhin der im Betriebsbuch der V 36 121 (Schwartzkopff 1943) enthaltene Hinweis auf den *Kaufpreis*: 78 635 RM. Wenn man in den noch vorliegenden Betriebsbüchern blättert, dann stößt man häufig auf den Vermerk „Geliefert Steg (Staatl. Erfassgs G.m.b.H.)" – z. B. V 36 317 im Jahre 1949. Es gibt auch ehemalige Wehrmachtsloks, etwa die DWK-Lok 693 (später V 36 315), bei denen vom ersten Nachkriegs-Bw lakonisch angegeben wird „Motorlok ist von der Wehrmacht zugelaufen" (Meldung des Bw Celle vom 1. 7. 47). Hingewiesen werden soll auch auf die V 36 125 (O & K 1943), die mit Vertrag vom 18. 12. 49 vom EZA München für 84 000 DM von der Gewerkschaft Matthias Stinnes (Betr.-Nr. 3) erworben wurde. Stinnes hatte diese Lok (lt. Betriebsbuch seit 20. 6. 44) bis Ende 1949 im Hafen Essen-Karnap im Verschub eingesetzt, was darauf hindeutet, daß diese V 36 schon während des Krieges (oder sogar direkt ab Werk) nicht an die Wehrmacht, sondern an den kriegswichtigen Betrieb von Stinnes geliefert worden ist.

Auch die V 36 126 nahm den Umweg über einen Zwischenbesitzer. Zunächst lief diese Lok bei verschiedenen Dienststellen der Rheinarmee im Raum Lehrte, ehe sie dann – spätestens Anfang März 1951 – zum Bw Braunschweig gelangte.

Im Aufsatz von Flemming (1958) war der Zugang von 96 Dieselloks vornehmlich der Baureihe V 36 für 1949 genannt. Diese Zahl kann natürlich in dieser pauschalen Form nicht stimmen. Schon vor 1949 wurden – Monat für Monat – ehemalige Wehrmachts-Dieselloks der verschiedensten Baureihen in Dienst gestellt. Außerdem trafen erste „Neubau-Dieselloks" ein, die aus noch vorhandenen Bauteilen für Wehrmachts-Bestellungen bei Deutz und dem DWK-Nachfolger Holmag zusammengebaut worden waren.

Von *Deutz* kamen 1949 die V 36 232—235 mit den beiden unzusammenhängenden Fabriknummern-Paaren und den in vielen Statistiken verwirrenden Angaben zum Baujahr. Bereits 1947 hatte die *Holmag* aus den Resten des nicht mehr ausgeführten RLM-Auftrags (siehe vorhergehendes Kapitel) die V 36 150 und 251—254 fertig gestellt und an die DB-Vorgängerin abgeliefert und 1948 gleich ein zweites Los über weitere acht V 36 nachgeschoben, die V 36 255—262. Hierauf wird jedoch im nächsten Kapitel noch einzugehen sein.

Die meisten aus Wehrmachtsbeständen übernommenen V 20 und V 36 wurden zunächst einmal weitergefahren, bei Bedarf notdürftig repariert und erst gegen Ende der vierziger Jahre einem Reichsbahn- oder Privat-Ausbesserungswerk zur Revision zugeführt. Die Kapazität der beiden Diesellok-EAWs reichte allem Anschein noch nicht aus, alle notwendigen Arbeiten vorzunehmen. Daher gaben Opladen und Nürnberg etliche zur Untersuchung anstehende V 20 und V 36 an die *Privat-Ausbesserungswerke* (PAW) Kiel (DWK = Holmag = MaK) und Nürnberg (MAN) ab. So weilten die Deutzloks V 20 032 und 039 1948 in Kiel, ebenso 1948/49 die Schwartzkopff-V 36 107, 111 und 126. Nach Nürnberg zur MAN ging 1948 die V 36 121.

Nicht weiter verwunderlich ist die Tatsache, daß im PAW Kiel auch viele der DWK-Loks nach dem Krieg aufgearbeitet bzw. (V 22 in V 20) umgebaut worden sind. Die V 36 310 war von Juli 1947 bis Februar 1948 zur HU in Kiel, die V 36 315 von November 1947 bis Juni 1948, und nur die V 36 317 weicht insofern von dieser „Regel" ab, als sie von Dezember 1949 bis Juni 1951 (man beachte den langen Zeitraum) im AW Nürnberg ihre Hauptuntersuchung M 4 bekommen hat. Für die anschließenden *Abnahmefahrten* hatte jedes AW seine speziellen Strecken. Das EAW Opladen befuhr meistens die Strecke von Opladen nach Wermelskirchen (bzw. weiter bis Remscheid-Lennep). Das EAW Nürnberg unternahm die Probefahrt auf einer der Strecken rund um den Bahnknoten Nürnberg, Richtung Altdorf (heute KBS 895), Neunkirchen – Schnaittach/Hersbruck (heute KBS 893), Schwabach (KBS 910) und vor allem Anfang der fünfziger Jahre, als die MaK-Neubauten in Nürnberg eintrafen, Richtung Emskirchen – Neustadt/Aisch (KBS 890). Was schließlich die Werksprobefahrten von MaK angeht, so wurden diese vielfach auf der Strecke von Kiel nach Rendsburg (bis Osterrönfeld) oder auf der Strecke nach Plön vorgenommen.

Neben den als V 20 bzw. V 36 in den Bundesbahnpark eingereihten Dieselloks übernahm die DB auch noch eine ganze Reihe anderer *Rangierloks aus Wehrmachtsbeständen*. Die kleinsten dieser Fahrzeuge wurden den Kleinlokserien 1000 ff und 6000 ff zugeschlagen. Daneben gab es auch die Baureihen V 15, V 16 und V 22. Die V 15 und V 16 wurden frühzeitig schon wieder ausgemustert und zumeist an andere Interessenten weiterverkauft. Die zweiachsigen V 22 von DWK baute MaK Anfang der fünfziger Jahre in V 20 um, und die dreiachsige Ausführung der V 22 schied, wie die V 15/V 16, frühzeitig aus Bundesbahndiensten aus. Für die Geschichte der Bundesbahn-V 20 und -V 36 sind nur die zweiachsigen V 22 von Belang. Aus diesem Grund werden die übrigen ehemaligen Wehrmachts-Dieselloks im Leistungsbereich zwischen 150 und 220 PS nachfolgend nur in einer Tabelle zusammengefaßt.

Rechts oben: Das „PAW Kiel" – Privatausbesserungswerk Holmag-MaK – hatte in den ersten Nachkriegsjahren alle Hände voll zu tun mit der Aufarbeitung der ihm zugeführten V 36 und Kleinloks. Parallel dazu befinden sich die ersten Neubauten für die Bundesbahn in der Fertigung.

Rechts: Die flachstehende Sonne leuchtet die Hannoveraner V 36 253 vorzüglich aus.

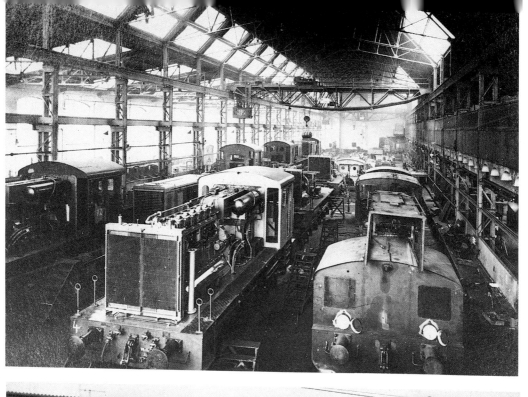

Übersicht über die V 15 und V 16 aus Wehrmachtsbeständen

Betriebs-nummer	Bau-jahr	Herst.	Fabrik-Nr.	Liefer-datum	an	Typ	Gewicht (t)	LüP (mm)	Motortyp	Motor-Leistg. (PS)
V 15 001	1934	DWK				150B		7000	DWK 4V24	150
V 15 002	1936	DWK	561	27.06.36	Luftwaffe	150B	26	7400	DWK 4V24	150
V 15 003	1936	DWK	602	21.10.36	Trappenkamp	150B	27	7400	DWK 4V24	150
V 15 004	1937	DWK	616	10.09.37	Luftwaffe	150B	32	7400	DWK 4V24	150
V 15 005	1937	DWK	617	16.07.37	Luftwaffe	150B	32	7400	DWK 4V24	150
V 16 001	1936	DWK	581	23.03.36	Luftwaffe	160B*	32	7400	DWK 4M24*	160
V 16 002	1938	DWK	649	02.12.38	Segeberg	160B	28	7400	DWK 4M24	160
V 16 005	1943	DWK	719	43	Luftwaffe	160B	32	7400	DWK 4M241	160
V 16 010	1940	DWK	670	27.01.41	Marine	160B	32	7400	DWK 4M24	160
V 16 011	1940	DWK	669	02.09.40	Marine	160B	32	7400	DWK 4M24	160
V 16 100	1936	Deutz	15318			WR160B12	28	7770	KHD A6M220	165

* urspr. 150B mit DWK 4V24 = 150 PS, noch bei Luftwaffe Umbau auf 160 PS

V 15 001–005 1951 an Speichinger, Heidelberg, von dort (002) an NOHAB Trollhättan, (003) Südzucker AG Werk Friedenau, (004) KAM Schweden bzw. (005) Bremer Vulcanwerft.
V 16 001 + 002 + 005 1951 verkauft an Nordkontor Hamburg (001 + 005) bzw. Speichinger, Heidelberg, von dort weiter an Stockholm Elektro Diesel AB (001), Midgard Nordenham (002) bzw. Svartviks, Schweden (005).
V 16 010 + 011 1948 ausgemustert, 010 später Peeters, Brüssel.
V 16 100 1953 an Mindener Kreisbahn V 3.

Übersicht über die V 22 aus Wehrmachtsbeständen

Betriebs-nummer	Bau-jahr	Herst.	Fabrik-Nr.	Liefer-datum	an	Typ	Gewicht (t)	LüP (mm)	Motortyp	Motor-Leistg. (PS)
V 22 001	1938	DWK	643	15.10.38	Luftwaffe	220B	30	7700	DWK 6V24	220
V 22 002	1939	DWK	673	01.11.39	Luftwaffe	220B	34	7700	DWK 6V24	220
V 22 003	1940	DWK	678	20.02.40	Luftwaffe	220B	30	7700	DWK 6M24	220
V 22 004	1940	DWK	700	04.12.40	Luftwaffe	220B	30	7700	DWK 6M24	220
V 22 005	1942	DWK	725		Luftwaffe	220B	30	7700	DWK 6M241	220
V 22 006	1943	DWK	729		Luftwaffe	220B	30	7700	DWK 6M241	220
V 22 007	1943	DWK	731		Luftwaffe	220B	30	7700	DWK 6M241	220
V 22 008	1939	DWK	644	12.04.39	Luftwaffe	220B	30	7700	DWK 6M24	220
V 22 009	1943	DWK	733		Luftwaffe	220B	30	7700	DWK 6M241	220
V 20 015	1941	DWK	682	02.04.41	Marine	220C	36	7400	DWK 6M24	220
V 20 016	1941	DWK	684	02.09.41	Marine	220C	36	7400	DWK 6M24	220
V 20 017	1940	DWK	681	22.11.40	Marine	220C	36	7400	DWK 6M24	220
V 20 018	1941	DWK	685	07.05.41	Marine	220C	36	7400	DWK 6M24	220
V 20 019	1938	DWK	641	29.09.38	Marine*	220C	40	7400	DWK 6V24	220
V 20 100	1940	Deutz	33031				45	8220	KHD A6M324	235

* KFIB Dietrichsdorf

V 22 001–009 1952/3 Umbau in V 20 054, 057, 055, 059, 056, 053, 051, 052, 058.
V 22 015–019 1951 verkauft an Speichinger, Heidelberg (015), weiter an Elektrodiesel AB, Stockholm, an Nordkontor, Hamburg (016), von dort weiter an NOHAB, Trollhättan, an die Schwed. Staatsbahn (017 = SJ Z 69 325, 018 = SJ Z 69326), bzw. an MaK Dietrichsdorf (019). Auch Elektrodiesel AB und NOHAB fungierten nur als Zwischenhändler.
V 22 100 1952 verkauft an Mindener Kreisbahn V 4

Die Nachkriegs-Beschaffungen von V 36 durch die DB

Wie bereits angedeutet, rekrutierten sich die ersten Neubau-V 36 der DB aus *nicht fertiggestellten Wehrmachtslieferungen* von Deutz und DWK. Bei DWK waren bei Kriegsende noch die Bauteile für die fünf von der Luftwaffe in Auftrag gegebenen WR 360 C 14 K (vorgesehene Fabriknummern 2006–2010) vorhanden. Offensichtlich klappte es dann jedoch mit der Fertigstellung der als V 36 150–154 geplanten – also mit MWM-Motoren ausgerüsteten – Loks nicht wie vorgesehen. In den Lieferlisten der DWK-Nachfolgerin Holmag (Holsteinische Maschinenbau AG) gibt es diese Loks, doch an die Reichsbahn gingen sie als V 36 150 (mit MWM-Motor) und V 36 251–254 (also mit Deutz-Motor). Es sieht so aus, als seien nicht genügend alte MWM-Motoren vorhanden gewesen, so daß der Stückpreis von 128 350,50 RM (für die V 36 150) für die nachfolgenden Maschinen mit (nachbeschafften?) Deutz-Motoren nicht gehalten werden konnte. Hier wurden von der Holmag 139 502,76 RM/Stück in Rechnung gestellt. Ebenfalls von der Holmag kamen 1948 die V 36 255–262. Mit Ausnahme der V 36 262 unterschieden sich diese Loks nicht von der vorherigen Lieferung. Lediglich bei der

Auf Belastungsprobefahrt macht die V 36 415 am 19. September 1950 im Bahnhof Kaltenkirchen Station.

V 36 262 war der Achsstand auf 4400 mm (gegenüber sonst 3950 mm bei der V 36^1 und V 36^2) vergrößert worden, so daß diese Lok quasi als Vorläuferin der V 36^4 angesehen werden kann. Identisch mit den Wehrmachtslieferungen waren auch die vier 1949 von Deutz stammenden V 36 232–235, die die DB zum Stückpreis von 128 700 DM bekam.

Mangels geeigneter Neubaumuster beschaffte die DB dann im Juli 1949 eine größere Serie von insgesamt 18 V 36 bei MaK, deren Lieferung zwischen März und November des folgenden Jahres erfolgte. Auch hier war das *Wehrmachts-Baumuster* unverkennbar. Einziges markantes Unterscheidungsmerkmal gegenüber der Urausführung war der bereits erwähnte vergrößerte Gesamt-Achsstand. Mit diesen V 36^4 wurde erstmals massiv mit Dieselloks „verdieselt". Im Rhein-Main-Gebiet drehte sich das Fahrzeugkarussell, wurden ehemalige Wehrmachts-V 36 beim Stützpunkt Frankfurt (M) 1 gegen Neubauten ausgetauscht, V 36^1 und V 36^2 an andere Bws innerhalb der ED Frankfurt (M) umgesetzt und ein Großteil des Nahverkehrs im Raum Frankfurt fortan mit V 36^4 bestritten.

Ablieferung der V 36^4 an die DB
Besteller: EZA München

MaK-Fabrik-Nr.	Ablieferungsdatum	DB-Betriebsnummer
360 010	14.03.50	V 36 401
360 011	20.04.50	V 36 402
360 012	20.04.50	V 36 403
360 013	20.04.50	V 36 404
360 014	25.05.50	V 36 405
360 015	25.05.50	V 36 406
360 016	19.06.50	V 36 407
360 017	19.06.50	V 36 408
360 018	10.07.50	V 36 409
360 019	10.07.50	V 36 410
360 020	08.08.50	V 36 411
360 021	08.08.50	V 36 412
360 022	05.09.50	V 36 413
360 023	05.09.50	V 36 414
360 024	09.10.50	V 36 415
360 025	11.10.50	V 36 416
360 026	17.11.50	V 36 417
360 027	17.11.50	V 36 418

(Quelle: MaK-Lieferliste)

Im Archiv von MaK gibt es eine ganze Serie von Abnahmefotos dieser noch blitzsauberen V 36^4. Dieses Bild der V 36 402 und 403 ermöglicht den Vergleich beider Fahrzeugseiten.

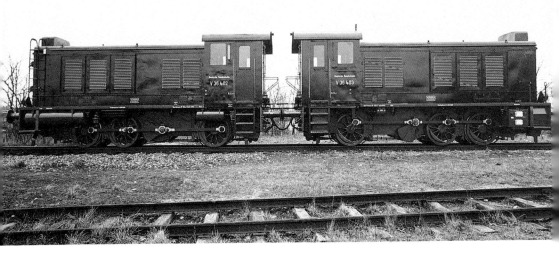

Fahrzeugbeschreibung der WR 360 C 14 – DWK/Holmag, Fabrik-Nr. 2006–2019

Allgemeines

Zweck
Die 360-PS-Lokomotiven sind dazu bestimmt, sowohl schwere Verschiebearbeiten als auch größere Streckenfahrten zu übernehmen. Sie sind mit hydraulischer Kraftübertragung ausgerüstet und besitzen damit in bezug auf Regelbarkeit von Zugkraft und Geschwindigkeit die gleichen Eigenschaften wie die Dampflokomotive, der gegenüber sie jedoch den Vorteil haben, schneller betriebsbereit zu sein und zur Bedienung nur eines Führers zu bedürfen.

Verwendungsmöglichkeit
Die Bauarten sind mit einem dem Flüssigkeitsgetriebe nachgeschalteten, nur im Stillstand der Lokomotive zu bedienenden 2-Stufengetriebe ausgestattet. Damit ist es möglich, die Lokomotive wahlweise als Verschiebelokomotive mit einem Geschwindigkeitsbereich von 0 bis 30 km/h und entsprechend hohen Zugkräften, oder als Streckenlokomotive mit einem Geschwindigkeitsbereich von 0 bis 60 km/h und entsprechend geringeren Zugkräften zu verwenden.

Fernsteuerung
Sämtliche Lokomotiven sind mit Fernsteuerung ausgerüstet, so daß es jederzeit möglich ist, zwei Lokomotiven miteinander zu kuppeln und bei einmänniger Bedienung von einem der beiden Führerstände aus zu steuern.

Auspuffkühlanlage
Zur Verwendung der Lokomotiven in feuergefährlichen Betrieben kann eine Auspuffkühlanlage eingebaut werden.

Hauptabmessungen der Lokomotive

Spurweite	1435 mm
Motorleistung, effektiv	360 PS
Dienstgewicht	42 t (oder 40 t)
Geschwindigkeiten	
a) Verschiebedienst	0 bis 30 km/Std.
b) Streckendienst	0 bis 60 km/Std.
Größte Zugkraft bei a)	etwa 13 000 kg
Größte Zugkraft bei b)	etwa 8100 kg
Anzahl der Achsen	3
kleinster zu durchfahrender Radius	80 m
Raddurchmesser	1100 mm
Gesamtradstand	3950 mm
Länge über Puffer	9200 mm
Größte Breite	3100 mm
Größte Höhe	3800 mm

Motoranlage

Als Antriebsmaschine dient bei beiden Bauarten ein 6-Zylinder-Viertakt-Dieselmotor der Firmen Klöckner-Humboldt-Deutz oder der Motorenwerke Mannheim, im folgenden kurz „Deutz-Motor" und „MWM-Motor" genannt. Am Motor unterscheidet man Steuerseite (Bedienungsseite), Auspuffseite, Schwungradseite und Ventilatorseite.

Auf der Bedienungsseite befinden sich:
Nockenwelle sowie Stoßstangen und Hebel zur Betätigung der Ein- und Auslaßventile, Einspritzpumpe, Kraftstofförderpumpe, Kraftstoffreiniger (nur beim Deutz-Motor) und Drehzahlregler.

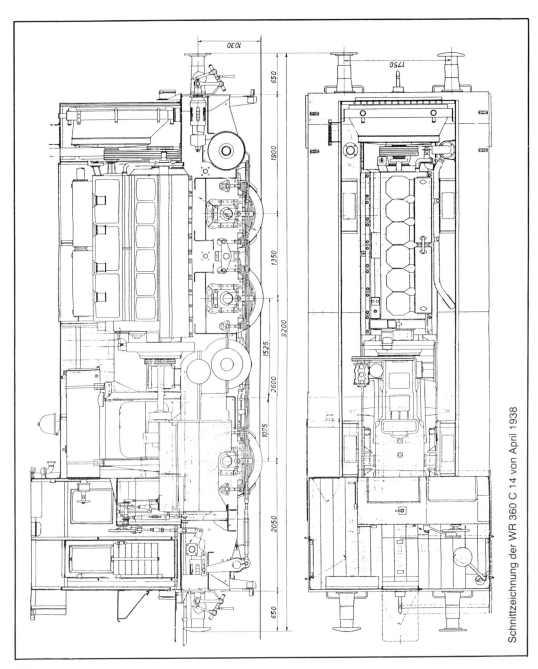

Schnittzeichnung der WR 360 C 14 von April 1938

Auf der Auspuffseite:
Außer dem Auspuffsammelrohr mit Ansaugschalldämpfer und Luftfilter noch die Handflügelpumpe zum Vorpumpen des Schmieröles.

Auf der Schwungradseite:
Der Räderkasten mit dem Steuerungsantrieb, Bedienungshebel (mit Übertragung zum Führerstand), Anlaßsteuerschieber (nur beim Deutz-Motor), Zahnradschmierpumpe (nur beim MWM-Motor), Öldruckregulierventil sowie die Lichtmaschine. Im Räderkasten ist das Paßlager zur Sicherung der Kurbelwelle gegen axiale Verschiebung eingebaut.

Auf der Ventilatorseite:
Zylinderöler, Ventilatorantrieb, Kühlwasserkreiselpumpe, Zahnradschmierpumpe und Schwingungsdämpfer (beide nur beim Deutz-Motor).
Die durchgehende Grundplatte trägt das aus einem Stück bestehende Gestell mit den auswechselbaren Zylinderbüchsen. Gestell und Grundplatte bilden einen allseitig öldicht verschlossenen Kasten. Die Grundplatte ist im unteren Teil als Öltrog ausgebildet. In ihr ist die Kurbelwelle vor und hinter jedem Kurbelzapfen auf Querwänden gelagert. Die Zugänglichkeit der Triebwerksteile wird durch große Öffnungen auf beiden Seiten des Gestells erleichtert. Der Wasserraum des Gestells kann nach Abnahme des Kühlwasserverteilerrohres durch entsprechende Putzlöcher leicht von Schlamm und Kesselstein befreit werden. Die Zylinderköpfe sind durch Stiftschrauben einzeln mit dem Zylinderblock verbunden. Durchgehende Zuganker von der Oberkante des Zylinderblocks bis unter die Kurbelwellenlager der Grundplatte entlasten das Gestell von Zugkräften.

Kühlung
Zylinderbüchse, Zylinderkopf und Auspuffsammelrohr sind wassergekühlt. Das Kühlwasser wird von der Kreiselpumpe zum Verteilerrohr geleitet. In getrennten Parallelströmen für jeden Zylinder durchfließt es dann die Wasserräume des Gestells und des Zylinderkopfes. Das gesamte Kühlwasser wird dann im Wassermantel des Auspuffsammelrohres wieder zusammengefaßt und von dort zum Wasserkühler geleitet.

Schmierung
Die Hauptschmierung des Motors ist als Umlaufschmierung ausgebildet. Das Öl, welches sich in der Grundplatte sammelt, wird von der Zentralschmierpumpe für Filter und Ölkühler zu den einzelnen Schmierstellen (Kurbelwellen-, Kurbelzapfen-, Kolbenbolzenlager usw.) gedrückt.

Kraftstoffeinspritzung
Der Motor arbeitet mit direkter Einspritzung, d. h. die der Belastung entsprechende Kraftstoffmenge wird von der Einspritzpumpe unter hohem Druck direkt in den Verbrennungsraum gedrückt und dabei fein zerstäubt. Ein Nachtropfen des Kraftstoffes wird durch das Einspritzventil verhindert.

Anlaßvorrichtung
Angelassen wird der Motor mit Druckluft im Viertakt. Statt der Kraftstoffeinspritzung im oberen Totpunkt am Ende des Verdichtungshubes wird hier jedoch durch das Anlaßventil Druckluft in den Zylinder eingeblasen, die den Kolben nach unten treibt.

Anlaßluftflaschen
Die zum Anlassen erforderliche Luft wird in 2 Druckluftflaschen von je 250 Liter Inhalt aufgespeichert. Aufgeladen werden die Flaschen durch Überfüllen von Verbrennungsgasen aus den 2 vordersten Zylindern.

Kühler
Der Kühler ist als kombinierter Wasser- und Ölkühler ausgebildet und dient zur Rückkühlung des Motorkühlwassers sowie des Motorschmieröles und des Getriebeöles. Der Wasserkühler ist mit 1 atü Überdruck, der Getriebeölkühler mit 4 atü und der Motorschmierölkühler mit 15 atü geprüft.

Kraftstoffbehälter
Der Kraftstoffbehälter hat einen Inhalt von 400 Liter, ausreichend für einen ununterbrochenen Betrieb von etwa 8 Stunden. Durch ein

Schauglas in der Führerhausstirnwand kann der Führer den jeweiligen Kraftstoffstand ablesen.
Filter
Der Motor ist mit Luft-, Kraftstoff- und Schmierölfiltern ausgerüstet. Die Luftfilter sind in besonderen Kästen am Motor direkt angebaut, während die Schmieröl- und Kraftstoffilter innerhalb des Vorbaus zugänglich untergebracht sind.
Auspufftopf
Der Auspufftopf ist innerhalb des Rahmens vor der ersten Achse untergebracht und besteht aus einem geschweißten Blechtopf, in dessen Innerem ein Rohr mit zahlreichen, radial angeordneten Öffnungen angebracht ist. Die Auspuffgase treten durch ein auf der linken Lokomotivseite im Vorbau vorn angebrachtes Rohr ins Freie.
Motorüberwachungsanlage
Die Motorüberwachungsanlage ist auf einem besonderen Pult auf dem Führertisch angeordnet. Sie besteht aus einem Kühlwasserfernthermometer, das die Kühlwassertemperatur im Auspuffsammelrohr anzeigt, sowie einem Öldruckmanometer, an dem der Motorschmieröldruck abgelesen werden kann. Ein zweiter Öldruckmesser ist am Motor auf der Bedienungsseite angebracht. Die Gefahrenzone ist bei diesen Instrumenten durch einen roten Strich auf der Skala gekennzeichnet.

Getriebe

Kupplung zwischen Motor und Getriebe
Um die Schwankungen des Motordrehmoments zu dämpfen und die schädlichen Wirkungen der kritischen Drehzahlen aufzuheben, ist zwischen Motor und Getriebe eine Voith-Maurer- oder Renk-Kupplung geschaltet. Diese Kupplung ist mit ihrer Primärseite am Motorschwungrad und mit ihrer Sekundärseite am Antriebsflansch des Flüssigkeitsgetriebes befestigt. Zwischen Primär- und Sekundärseite ist ein doppeltes Federsystem geschaltet. Zur Dämpfung der auftretenden Schwingungen sind am Umfang der Kupplung mit Fett gefüllte Dämpfungskammern angeordnet.
Flüssigkeitsgetriebe
Zur Kraftübertragung dient ein Flüssigkeitsgetriebe, Bauart L 37 der Fa. J. M. Voith, Heidenheim/Brenz. Den Hauptteil des Getriebes bilden die drei Turbokreisläufe, die auf dem Steuerschema mit den Zahlen I, II und III bezeichnet sind. I ist der sog. Anfahrwandler und bildet den 1. Gang, II und III sind hydraulische Kupplungen und bilden den 2. und 3. Gang.
Wesentlich ist bei diesen Getrieben, daß alle Kreisläufe vom Motor gleichzeitig angetrieben werden, daß aber immer nur ein Kreislauf gefüllt ist und somit Leistung übertragen kann. Zur Übertragung der Energie dient lediglich ein Ölstrom, wodurch eine Abnutzung der kraftübertragenden Teile vermieden wird. Dadurch, daß sämtliche Dichtungen als Labyrinthdichtungen ausgebildet sind, berühren sich Primär- und Sekundärteil des Turbogetriebes lediglich in den Kugellagern.
Wendegetriebe
Zur Änderung der Fahrtrichtung dient ein Wendegetriebe üblicher Bauart, dessen Betätigung nur im Stillstand der Lokomotive erfolgen darf.
Stufengetriebe
Zwischen Strömungs- und Wendegetriebe ist das Stufengetriebe geschaltet. Entsprechend dem Einsatz als Verschiebelokomotive oder als Streckenlokomotive wird über einen Handhebel im Führerstand die Zahnradfolge im Stufengetriebe verändert.

Fahrzeug

Rahmen mit Trieb- und Laufwerk
Der Rahmen ist als Blechrahmen aus 25 mm starken Blechen vollständig geschweißt. Er wird durch mehrere Querverbindungen gut versteift.

Kräftige, ebenfalls durch besondere Bleche versteifte Stirnwände tragen die Zug- und Stoßvorrichtungen. Die vorderen Querverbindungen sind als Blechkästen ausgebildet, die den Ballast aus Schwerspat aufnehmen. Die in Höhe der Rahmenoberkante angeordneten Laufbleche sind ebenfalls mit dem Rahmen verschweißt und durch besondere Konsolbleche abgestützt. Der Rahmen stützt sich mittels Blattfedern auf die Gleitlager der Bandagenradsätze. Die Lokomotive ist in vier Punkten unterstützt. Die beiden vorderen Achsen sind durch Ausgleichshebel miteinander verbunden. Durch den kurzen Radstand von 3950 mm ist die Lokomotive in der Lage, auch Bögen von 80 m Radius zu durchfahren. Die Gleitlager sind in kräftigen Stahlgußführungen geführt. Die Lagerschalen aus Bleibronze oder Austauschwerkstoff sind mit Gittermetall ausgegossen. Die Schmierung erfolgt in der üblichen Weise durch ein Schmierpolster im Unterkasten des Lagers. Zum Einfüllen des Schmieröles ist ein besonderer Klappdeckel vorgesehen. Die Treib- und Kuppelstangen haben geschlossene Buchsenlager, die mit Bleibronze oder deren Austauschwerkstoffen ausgegossen sind. Sämtliche Stangenlager werden durch Nadelschmiergefäße mit Öl versorgt.

Zug- und Stoßvorrichtungen
Die Lokomotive ist an beiden Stirnseiten mit Hülsenpuffern, Zughaken und Schraubenkupplungen sowie Sicherheitskupplungen ausgerüstet. Anordnung und Bauart der Zug- und Stoßvorrichtungen entsprechen den Vorschriften der Deutschen Reichsbahn.

Druckluft- und Handbremse
Die Lokomotive ist mit einer 6-Klotz-Bremse ausgerüstet. Die Betätigung erfolgt von Hand mittels Wurfhebel im Führerstand. Außerdem ist eine durchgehende Einkammer-Druckluftbremse sowie eine Lokomotiv-Zusatzbremse eingebaut. Das Bremsgestänge kann entsprechend der Abnutzung der Bremsklötze mit Hilfe des Spannschlosses nachgestellt werden. Mit der Wurfhebelbremse können etwa 55 % und mit der Druckluftbremse etwa 71 % des Lokomotivgewichtes abgebremst werden.

Führerbremsventil
Das Führerbremsventil kann sechs verschiedene Stellungen einnehmen: Füll- und Lösestellung, Fahrtstellung, Mittelstellung (wenn die Lokomotive mit Vorspann fährt und die Betätigung der Bremse von der Vorspannlokomotive aus vorgenommen wird), Abschlußstellung, Betriebsbremsstellung und Schnellbremsstellung.

Bedienungsstand
Über dem Führertisch befinden sich an der Stirnseite des Führerhauses das Schauglas des Kraftstoffbehälters sowie die Ventile der Anlaßflaschen mit den zugehörigen Manometern. Auf der linken Seite des Führertisches ist der Anlaß- bzw. Abstellhebel für den Motor angebracht. Gleichfalls auf der linken Seite des Tisches befindet sich der Fahrtrichtungshebel. Hinzu kommt noch der Handhebel zur Betätigung des Stufengetriebes für die zwei Geschwindigkeitsbereiche. Alle zur Bedienung der Lokomotive während der Fahrt notwendigen Hebel sind auf der rechten Seite des Führertisches angebracht. Dazu gehören das Handrad zur Steuerung von Motor und Getriebe, das Führerbremsventil, das Zusatzbremsventil, der Sandstreuhahn, das Druckluftventil zur Betätigung der Glocke, der Druckknopf für die Druckluftpfeife und das Auslöseventil zum Auslösen des Bremszylinders. An der Stirnseite des Führerhauses sind der Doppelluftdruckmesser zur Kontrolle des Luftdruckes im Hauptbehälter und in der Hauptleitung sowie ein Luftdruckmesser für den Druck im Bremszylinder angebracht. Weiter befinden sich auf dem Führertisch ein Druckknopf zur Betätigung des elektrischen Boschhorns und auf einem besonderen Apparatepult die zur Überwachung von Motor und Getriebe dienenden Instrumente einschließlich eines Geschwindigkeitsmessers mit eingebautem Kilometerzähler. Hinzu kommen noch die für die elektrische Beleuchtung der Lokomotive notwendigen Schalter. An der Vorderseite des Füh-

rertisches befindet sich der Handhebel für die Wurfhebelbremse.

Vorbau
Kraftstoffilter und Handflügelpumpe sind zugänglich durch eine zweiflügelige Klapptür im hinteren Teil des Vorbaus. Zylinderköpfe und Ventile des Motors sind zugänglich durch eine Klappe auf dem Vorbau.

Bedienungsstandheizung
Ein Teil der bei der Reichsbahn in Betrieb befindlichen Lokomotiven ist mit Warmluftheizung ausgerüstet, bei der die Luft durch Motorabgase beheizt wird. Ein Teil der Loks erhielt anstelle der Warmluftheizung als Sonderausrüstung eine Warmwasserheizung (Motorkühlwasser).

Sonderausrüstung

Auspuffkühlanlage
Ein Teil der Lokomotiven, die in feuergefährlichen Betrieben eingesetzt waren, ist mit einer besonderen Kühlanlage zum Kühlen der Auspuffgase ausgerüstet.

Dampfheizleitung
Ein Teil der Lokomotiven ist mit durchgehender Heizleitung ausgerüstet; die Lokomotive selber kann aber nicht mit Dampf geheizt werden.

Fernsteuerung
Die Drehung des Handrades wird über die Rollenkette auf die unter dem Fußboden des Bedienungsstandes angeordnete Übertragungswelle übertragen. Bei Kupplung zweier Lokomotiven und Steuerung von einem Führerstand werden die beiden Übertragungswellen durch eine Gelenkwelle verbunden, so daß die Drehung des einen Handrades auf das Handrad im Bedienungsstand der anderen Lokomotive übertragen wird. Die Gelenkwelle befindet sich in einem besonderen Halter im Bedienungsstand der Lokomotive.

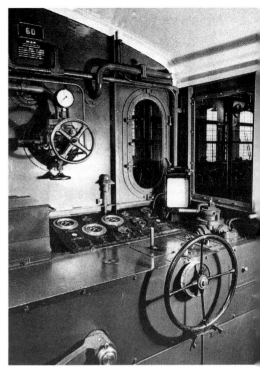

Der Führerstand der V 36[4].

Die Baureihe V 20

Übersicht über die V 20 der DB

Betr.-Nr.	Hersteller	Baujahr	Fabrik-Nr.	Ausmusterung	bei Bw
001	Schwartzkopff	1939	10754	19.02.77	Hamm
002	Deutz	1942	30651	22.02.75	Dortmund Rbf
005	Deutz	1942	36660	01.07.76	Hamburg-Harburg
006	Deutz	1942	36658	18.04.74	Göttingen
007	Deutz	1942	36667	12.10.73	Braunschweig 1
008	Deutz	1942	46514	01.07.76	Bremen Rbf
015	DWK	1936	582	10.10.50	Umbau in V 20 060
020	Gmeinder	1941	3611	11.11.78	Hannover
021	Gmeinder	1942	3612	26.07.77	Hannover
022	Gmeinder	1942	9585	62	Schwandorf, 06.62 verkauft an Zuckerfabrik Dinklar
023	Gmeinder	1942	9584	21.07.76	Hannover
030	Deutz	1943	36615	04.06.73	Hannover
031	Deutz	1943	36616	24.02.76	Bremen Rbf
032	Deutz	1943	36624	26.04.78	Hamburg-Harburg
033	Deutz	1943	36645	23.03.76	Hannover
034	Deutz	1943	36652	18.03.79	Hamburg-Harburg
035	Deutz	1943	39654	24.11.79	Hamburg-Harburg, verkauft an VBV/BLME 13
036	Deutz	1943	39655	26.01.78	Hamburg-Harburg
037	Deutz	1942	36663	24.08.78	Hamburg-Harburg
038	Deutz	1942	36664	24.02.76	Hannover
039	Deutz	1942	39659	18.03.79	Hamburg-Harburg
040	Deutz	1942	39622	16.12.77	Göttingen
041	Deutz	1943	39625	30.11.78	Stuttgart
050	Schwartzkopff	1940	11391	18.03.79	Hamburg-Harburg
051	DWK	1943	731	06.06.78	Hamm Umbau aus V 22 007
052	DWK	1939	644	21.04.77	Ludwigshafen Umbau aus V 22 008
053	DWK	1943	729	31.10.76	Ludwigshafen Umbau aus V 22 006
054	DWK	1938	643	25.06.80	Ludwigshafen Umbau aus V 22 001
055	DWK	1940	678	24.08.7	Hannover Umbau aus V 22 003
056	DWK	1942	725	21.02.75	Oldenburg Umbau aus V 22 005
057	DWK	1939	673	18.03.79	Hamburg-Harburg Umbau aus V 22 002
058	DWK	1943	733	25.11.63	Nürnberg Hbf 11.63 verkauft an Hafenbetriebsges. Hildesheim
059	DWK	1940	700	01.11.75	Hamburg-Harburg Umbau aus V 22 004
060	DWK	1936	582	13.10.73	Stuttgart Umbau aus V 20 015

Konstruktive Unterscheidungsmerkmale

Eine Betrachtung der Nummernreihe der V 20 will auf den ersten Blick so recht keine Ordnung erkennen lassen. Da es sich um eine Gemeinschaftsentwicklung handelt, ist eine bloße Unterscheidung nach Herstellern, die in jeweils verschiedenen Zehnerreihen zusammengezogen sind, angesichts der Lücken und Überschneidungen, keine Hilfe. Erkennbar ist immerhin der Einzelgänger V 20 015 von DWK, der von seinen gesamten *Abmessungen* her nicht in das V 20-Schema paßt. Die Einbeziehung der Schwartzkopff-V 20 050 in die ansonsten aus umgebauten V 22 der zweiachsigen Ausführung gebildeten 50er Reihe gibt keinen Sinn.
Wichtige Unterscheidungshilfe neben den drei von den Abmessungen her unterschiedlichen V 20-Spielarten (zum Vergleich wurde auch die ursprüngliche V 22 in ihren beiden Formen in die

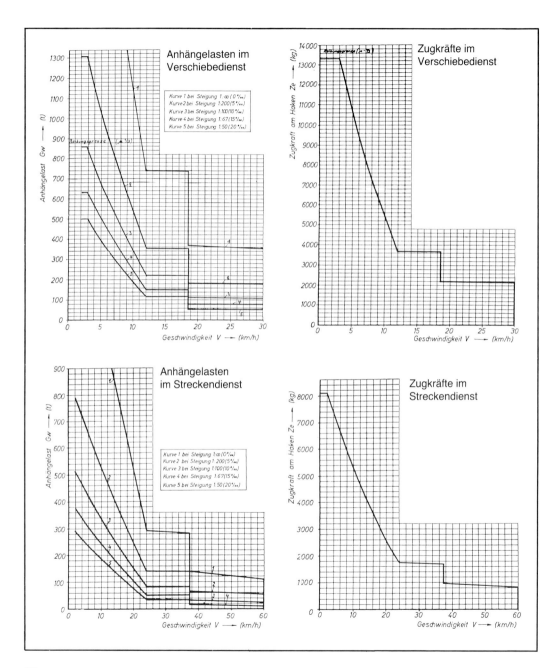

Tabelle aufgenommen) ist daher allein der ursprünglich eingebaute *Motortyp*.

Abmessungen V 20/V 22

(in mm)	LüP	Breite	Höhe	Achsstand	Rad-∅
V 20 001 + 002, 005−008, 020−023, 030−041, 050	8000	3103	3800	3200	1100
V 20 015 → V 20 060	7400	3100	3620	2900	950
V 20 051−059	7700	3070	3480	2900	1000
V 22 001−009	7700	3070	3480	2900	1000
V 22 015−018	7400	3070	3480	2950	1000

Die 270 008−6 vom Bw Braunschweig mit ihrem Flachdach war ein Einzelstück (Az-Dienst in Groß-Gleidingen am 6. November 1974).

Motorausstattung der V 20

Betr.-Nr.	Motor bei Übernahme	Umbau auf
V 20 001 + 002, 005−008, 030−041	Deutz A6M 324	–
V 20 015*	DWK 5V24	MaK MS 24
V 20 020−023	MWM RHS 326 s	MaK MS 24
V 20 050	MAN W6V 17,5/22	Deutz A6M 324
V 20 051−059	DWK 6M24 bzw. 241**	MaK MS 24

* als V 20 015 DWK-Motor, als V 20 060 MaK-Motor
** als V 22

Motorcharakteristika:
Deutz A6M 324: 200 PS bei 800 U/min außer bei V 20 050, dort 900 U/min; DWK 5V24: 200 PS bei 1050 U/min; DWK 6M24 bzw. 241: 220 PS bei 1050 U/min; MWM RHS 326s: 200 PS bei 900 U/min; MAN W6V 17,5/22: 200 PS bei 900 U/min; MaK MS 24: 200 PS bei 900 U/min.

Hier fällt zum einen die Standardversion mit dem Deutz-Motor A6M 324 auf, wie sie in der Mehrzahl der „klassischen" V 20 enthalten ist; dann gibt es da die zunächst mit dem MWM-Motor RHS 326s ausgestatteten vier Gmeinderloks der Zwanzigerreihe, den Einzelgänger V 20 050 mit MAN-Motor W6V 17,5/22 und die mit dem DWK-Motor 5V24 ausgerüstete V 20 015. Nach erfolgtem Umbau wurden die V 20 051–059 und die aus der V 20 015 entstandene V 20 060 vom MaK-Diesel MS 24 angetrieben. Einen Deutz-Motor A6M 234 bekam nachträglich auch der Einzelgänger mit MAN-Motor, während drei der vier Gmeinderloks mit dem MaK-Diesel der Fünfzigerreihe vereinheitlicht wurden.

Die meisten *Motorumbauten* wurden bereits Anfang der fünfziger Jahre vollzogen. Die Bestandslisten vom 31. 12. 51 und 1952 stiften allerdings einige Verwirrung (31. 12. 51: 22 Deutz-Motoren; 31. 12. 52: 18 Deutz-Motoren + 2 MWM-Motoren + 7 MaK-Motoren – die DWK-V 20 015 lief damals nicht als Triebfahrzeug, sondern als Gerät), wie auch z. B. in einer Liste von 1955 die V 20 001 schlichtweg vergessen worden ist.

Beim Umbau auf die MaK-Motoren erhielten die ehemals mit DWK-Aggregaten ausgerüsteten V 20/V 22 auch neue *Getriebe*. Es war ja gerade eine Besonderheit der von DWK gefertigten Loks, daß diese nicht mit dem „Einheitsgetriebe" von Voith, dem L 33y, ausgestattet waren, sondern daß hier DWK dem mechanischen Räderge-

Bis zuletzt mit dem DWK-Emblem neben dem Seitenfenster: Die ehemalige V 22 007, zuletzt 270 051–6, in Hamm (August 1977).

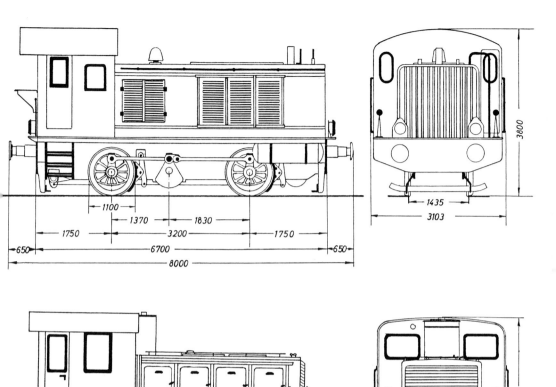

triebe eigener Fertigung den Vorzug gegeben hatte. V 20 015 (neu: V 20 060) sowie die umgebauten V 22 (nun V 20 051–059) wurden also Anfang der fünfziger Jahre ebenfalls auf hydraulische Kraftübertragung umgestellt und mit dem L 33y versehen. Im Laufe der Jahre bekamen eine Reihe von V 20 ein modifiziertes L 33y, im 1970er

Übersichtszeichnung der Bundesbahn-V 20 in der Normalausführung (oben) und der Variante von DWK (unten)

Merkbuch bezeichnet als L 33y Ub: 001, 005 + 006, 030, 032–039, 051–056, 059.

Vor dem Hintergrund größtmöglicher Personaleinsparung und optimaler Streckentauglichkeit wurden 14 V 20 auf *Einmannbetrieb* umgebaut (1970: V 20 002, 006−008, 020, 030 + 031, 033, 037, 040 + 041, 052, 057, 060), und zehn Loks bekamen bis 1970 eine Sifa: V 20 002, 006−008, 030 + 031, 033, 040 + 041, 050. Indusi gab es bei der V 20 allem Anschein nach nicht.

Sämtliche V 20 waren für einen kleinsten Kurvenradius von 80 m und einen kleinsten Scheitelhalbmesser am Ablaufberg von 200 m zugelassen. Auf die beiden Fahrbereiche sämtlicher Wehrmachts-Dieselloks ist bereits hingewiesen worden. Anfangs waren die V 20 – wie auch die V 36 – für maximal 60 km/h zugelassen. Nur bei der V 20 001 waren es 52 km/h und bei den V 20 051−060 55 km/h. Im Zuge einer generellen Senkung der *Höchstgeschwindigkeiten* bei allen Wehrmachtstypen wurden daraus Ende der fünfziger Jahre 27 km/h im Langsam- und 55 km/h im Schnellgang. Man erhoffte sich davon eine längere Lebensdauer der Motoren. Faktisch änderte sich nicht viel. Kleinste Dauergeschwindigkeit war im Langsamgang 8 km/h, im Schnellgang hingegen 12 km/h.

Bei der größten *Anfahrzugkraft* lagen die Werte im Langsamgang im Bereich 8500−9000 kp, im Schnellgang bei 5000−5500 kp:

– V 20 006, 030, 033   8500 kp/5500 kp
– V 20 050−060   9000 kp/5000 kp
– alle anderen V 20   8500 kp/5000 kp.

Und schließlich eine letzte Zusammenstellung, und zwar die der *Dienstgewichte* mit ⅔ Vorräten und der größten Radsatzlast. Hier kommt das Merkbuch von 1951 mit der knappen Angabe 26 t (Dienstgewicht) bzw. entsprechend 13 t (Radsatzlast) aus. Im 1970er Merkbuch wird hingegen vielfältig differenziert:

– 26 t/13,5 t   V 20 001, 005, 032, 034−039
– 26,5 t/13,5 t   V 20 006, 030, 033
– 26 t/13 t   V 20 007 + 008, 040 + 041, 050
– 27 t/13,5 t   V 20 002, 031
– 31 t/16,5 t   V 20 51−056, 059
– 31 t/17 t   V 20 057, 060.

Lebensläufe

Vorbemerkungen: Soweit irgend möglich, wurde auf Betriebsbuchauszüge zurückgegriffen, wurden andere amtliche Stationierungsangaben zunächst unberücksichtigt gelassen. Dieses Vorgehen hat sicherlich Vor- und Nachteile. Namentlich bei neueren Daten werden sich so manche Widersprüche zu den HVB-Verfügungen erkennen lassen. Betriebsbücher hinken schon einmal nach, was buchmäßige Umbeheimatungen angeht, Betriebsbücher sind auch nicht immer ganz korrekt, was die genaue Bw-Bezeichnung angeht. Alle diese Ungenauigkeiten wurden bewußt mit übernommen. Man möge also nicht gleich laut aufgehren, wenn der Zusatz „Hbf" fehlt, wenn statt des Bw Bremen Hbf/Gruppe Vegesack nur mehr der Vermerk „Bremen" oder „Bremen Vegesack" auftaucht. Es stand so in den Betriebsbüchern. Offensichtliche Abweichungen von anderen – frühen – Quellen wurden dennoch in Klammerzusätzen mit aufgenommen.

Die etwas ungebräuchliche Abkürzung PAW (Privat-Ausbesserungswerk) ist im Text näher erläutert. Der Klammerzusatz „WL" bedeutet Werklok (um die normalen AW-Aufenthalte, die in den frühen V 20-/V 36-Jahren durchaus auch schon einmal recht lang ausfallen konnten, davon abzugrenzen).

V 20 001 – 270 001 – 1
03.07.47 – 27.07.49 Hagen-Eckesey
28.07.49 – 10.02.50 EAW Opladen
 (Überholung)
11.02.50 – 24.10.50 Regensburg
12.11.50 – 07.05.51 Rheine
08.05.51 – 10.04.53 Oldenburg Hbf
11.04.53 – 13.02.54 Hamburg-Harburg
14.02.54 – 05.01.55 Lübeck
04.02.55 – 13.06.60 AW Paderborn-Nord
 (WL)
05.07.60 – 09.01.62 AW Paderborn (WL)
10.01.62 – 15.12.63 AW Braunschweig (WL)
16.12.63 – 18.12.67 AW Hannover (WL)
19.12.67 – 16.12.73 Hamburg-Harburg
17.12.73 – 09.05.75 Oberhausen
10.05.75 – 13.09.76 Hamm
(and. Quelle: 05/50 EAW Opladen)

V 20 002 – 270 002 – 9
 46 – 19.09.46 Regensburg
01.10.46 – 15.01.48 Schwandorf
14.08.48 – 29.09.49 München Hbf
27.01.51 – 18.03.53 Oldenburg Hbf
19.03.53 – 13.02.54 Hamburg-Harburg
15.02.54 – 31.07.59 Dortmund Hbf
21.12.61 – 14.07.73 Oberhausen Hbf
15.07.73 – 18.09.73 Dortmund Rbf
19.09.73 – 09.01.74 AWst Offenburg (WL)
10.01.74 – 21.02.75 Dortmund Rbf

V 20 005 – 270 005 – 2
19.09.46 – 01.08.50 Bamberg
02.08.50 – 20.09.50 Nürnberg Hbf
21.09.50 – 18.03.53 Oldenburg Hbf
19.03.53 – 09.02.59 Hamburg-Harburg
10.02.59 – 28.05.60 Lübeck
29.05.60 – 21.06.61 Heiligenhafen
22.06.61 – 02.08.61 Hamburg-Harburg
16.09.61 – 26.07.63 Heiligenhafen
27.07.63 – 15.12.64 Hamburg-Harburg
16.12.64 – 19.09.67 Husum
20.09.67 – 05.05.76 Hamburg-Harburg

V 20 006 – 270 006 – 0
12.07.49 – 28.02.51 Augsburg
01.03.51 – 15.05.51 Soltau
16.05.51 – 04.12.51 Hameln
05.12.51 – 17.01.52 Bremen-Vegesack
18.01.52 – 27.10.54 Bremerhaven-
 Geestemünde
12.11.54 – 05.02.55 Holzminden
06.02.55 – 08.03.55 Hameln
09.03.55 – 08.04.61 Holzminden
09.04.61 – 03.07.65 Braunschweig 1
04.07.65 – 31.01.74 Göttingen

V 20 007 – 270 007 – 8
05.09.47 – 03.10.49 München Hbf
04.10.49 – 04.05.50 Passau
08.05.50 – 23.09.50 EAW Opladen
 (Überholung)
24.09.50 – 26.10.50 Bremerhaven-Lehe
27.10.50 – 02.11.50 Bremen Hbf
01.12.50 – 12.05.55 Bremerhaven-Lehe
04.06.55 – 19.12.55 Hildesheim

20.12.55 – 07.06.60 Delmenhorst
08.06.60 – 20.05.66 Holzminden
21.05.66 – 31.08.73 Braunschweig 1

V 20 008 – 270 008 – 6
02.04.51 – 03.06.51 Soltau
04.06.51 – 26.07.51 Hameln
27.07.51 – 31.08.52 Soltau
01.09.52 – 03.10.54 Uelzen
17.10.54 – 01.12.54 Soltau
16.12.54 – 02.05.60 Uelzen
03.06.60 – 26.01.76 Braunschweig 1
27.01.76 – 21.06.76 Bremen Rbf

V 20 015 ausgemustert 10. 10. 50 und Umbau
in V 20 060

V 20 020 – 270 020 – 1
21.03.46 – 03.08.50 Nürnberg Hbf
04.08.50 – 29.06.51 München Hbf
09.12.51 – 28.08.62 Passau
29.08.62 – 02.06.76 Regensburg
03.06.76 – 29.08.78 Hannover

V 20 021 – 270 021 – 9
 – 06.02.50 Soltau
02.50 – 08.50 EAW Nürnberg
 (Überholung)
25.08.50 – 21.08.51 München Hbf
01.11.51 – 18.03.52 Passau
19.03.52 – 05.02.60 Plattling
06.02.60 – 21.03.61 Regensburg
22.03.61 – 16.08.63 Schwandorf
16.10.63 – 02.06.76 Regensburg
03.06.76 – 31.03.77 Hannover

V 20 022
per 30.06.53 und 01.01.54 Bw Regensburg
nachgewiesen
ebenso 01.01.55, 56, 57, 60 und 61
per 01.01.62 Bw Schwandorf
06.62 verkauft an Zuckerfabrik Dinklar

V 20 023 – 270 023 – 5
22.07.49 – 10.02.51 Augsburg
11.02.51 – 17.07.51 München Hbf
18.07.51 – 26.09.51 Plattling
27.09.51 – 18.01.53 Regensburg
19.01.53 – 26.02.53 Passau
27.02.53 – 22.04.53 Plattling
23.04.53 – 02.06.76 Regensburg
03.06.76 – 20.07.76 Hannover
Mitte der fünfziger Jahre möglicherweise kurzzeitig bei BD Stuttgart, da BD Regensburg per 13.01.56 Zugang der V 20 023 von der BD Stuttgart meldet.

V 20 030 – 270 030 – 0
 – 05.10.48 Augsburg
06.10.48 – 30.11.49 Nürnberg Hbf
01.12.49 – 28.01.51 Bocholt
29.01.51 – 19.08.51 Heide
11.09.51 – 06.10.52 Flensburg
07.10.52 – 21.03.53 Hamburg-Harburg
22.03.53 – 11.02.59 Flensburg
12.02.59 – 23.07.59 Lübeck
24.07.59 – 31.08.59 Husum
01.09.59 – 03.03.64 Delmenhorst

04.03.64 – 30.05.64 Holzminden
31.05.64 – 31.01.72 Delmenhorst
01.02.72 – 30.04.73 Hannover

V 20 031 – 270 031 – 8
 – 27.11.47 Celle
05.11.50 – 11.11.50 Bremerhaven-Lehe
12.11.50 – 18.04.52 Soltau
19.04.52 – 26.12.53 Bremen Vbf
29.12.53 – 24.10.57 AW Opladen (WL)
26.10.57 – 27.10.65 Delmenhorst
28.10.65 – 08.11.66 Bremerhaven-Lehe
09.11.66 – 28.02.70 Bielefeld
01.03.70 – 31.10.73 Delmenhorst
01.11.73 – 23.02.76 Bremen Rbf

V 20 032 – 270 032 – 6
 – 30.05.48 Hamburg-Harburg
01.06.48 – 20.10.48 MaK (PAW-Überholung)
27.10.48 – 16.05.49 Hamburg-Harburg
17.05.49 – 30.09.49 Cuxhaven
01.10.49 – 30.06.53 Husum
01.07.53 – 14.04.59 Flensburg
15.04.59 – 27.06.59 Lübeck
28.06.59 – 12.11.64 Husum
20.11.64 – 03.02.78 Hamburg-Harburg

V 20 033 – 270 033 – 4
per 01.07.50 Husum
23.03.51 – 18.09.53 Husum
31.12.54 – 11.02.59 Flensburg
12.02.59 – 23.07.59 Lübeck
24.07.59 – 31.08.59 Husum
01.09.59 – 11.01.61 Hannover-Linden
12.01.61 – 10.09.61 Bremerhaven-Lehe
11.09.61 – 13.03.64 Braunschweig 1
14.03.64 – 28.05.67 Holzminden
29.05.67 – 16.06.67 Bielefeld
17.06.67 – 31.07.69 Delmenhorst
01.08.69 – 30.09.73 Bielefeld
01.10.73 – 06.01.76 Hannover

V 20 034 – 270 034 – 2
21.03.49 – 31.05.49 Kiel
07.10.50 – 31.03.51 Heiligenhafen
01.04.51 – 07.12.51 Lübeck
08.12.51 – 21.11.60 Husum
22.11.60 – 19.07.63 Heiligenhafen
20.07.63 – 08.11.78 Hamburg-Harburg

V 20 035 – 270 035 – 9
 49 – 19.08.51 Stuttgart
08.12.51 – 19.11.57 Husum
20.11.57 – 14.12.57 Cuxhaven
15.12.57 – 20.10.59 Hamburg-Harburg
21.10.59 – 31.10.59 Heiligenhafen
01.11.59 – 18.09.67 AW Hamburg-Harburg
 (WL)
19.09.67 – 12.05.77 Hamburg-Harburg
13.05.77 – 31.12.78 AW Hamburg-Harburg
 (WL)
01.01.79 – 03.09.79 Hamburg-Harburg
01.80 verkauft an Braunschweig. Verkehrsfreunde (BLME)

V 20 036 – 270 036 – 7
 – 15.04.48 Neumünster
16.04.48 – 11.07.48 Cuxhaven

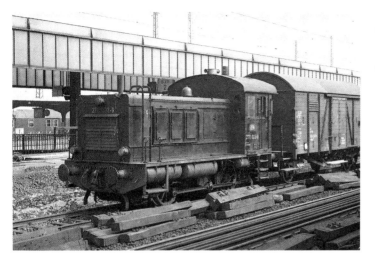

Am 7. März 1973 verdingt sich die Oberhausener 270 002−9 im Essener Hauptbahnhof mit einem Arbeitszug. Man beachte den zusätzlichen Treibstofftank.

12.07.48−28.08.48	Rendsburg	
29.08.48−13.11.51	Husum	
14.11.51−09.03.52	Lübeck	
10.03.52−02.06.54	Husum	
03.06.54−02.07.54	Lübeck	
03.07.54−09.02.59	Hamburg-Harburg	
10.02.59−24.04.60	Lübeck	
25.04.60−07.05.65	Hamburg-Harburg	
08.05.65−07.07.67	Husum	
08.07.67−01.11.77	Hamburg-Harburg	

V 20 037 – 270 037−5

−29.05.47	München Hbf
01.10.49−16.12.49	Ingolstadt
17.12.49−29.08.50	München Hbf
30.08.50−25.05.74	Husum
26.05.74−07.06.78	Hamburg-Harburg

V 20 038 – 270 038−3

−18.12.50	München Hbf
19.12.50−29.02.52	Soltau
01.03.52−10.10.52	Bielefeld
14.10.52−30.09.54	Göttingen
01.10.54−25.05.56	Bielefeld
16.06.56−31.07.59	Hannover-Linden
01.08.59−07.01.61	Holzminden
08.01.61−20.06.65	Braunschweig 1
21.06.65−14.12.68	Oldenburg Hbf
15.12.68−12.01.69	Oldenburg Hbf Z
13.01.69−23.11.75	Hannover

V 20 039 – 270 039−1

05.45−14.12.46	Flensburg
15.12.46−23.01.48	MaK (PAW-Überholung)
24.01.48−31.01.49	Husum
01.02.49−03.06.49	Hamburg-Harburg
04.06.49−30.09.49	Cuxhaven
01.10.49−10.02.50	Hamburg-Harburg
11.02.50−21.07.50	EAW Opladen (Überholung)
22.07.50−28.09.63	Heiligenhafen
29.09.63−14.01.79	Hamburg-Harburg

V 20 040 – 270 040−9

01.07.49−30.11.49	Soltau
01.12.49−05.10.53	Bremerhaven-Geestemünde
06.10.53−02.11.53	Braunschweig Vbf
04.11.53−21.05.55	Bremerhaven-Geestemünde
22.05.55−16.11.57	Hildesheim
17.11.57−16.01.66	Bielefeld
11.03.66−06.10.68	Delmenhorst
07.10.68−05.06.72	Braunschweig 1
06.06.72−19.09.77	Göttingen

V 20 041 – 270 041−7

05.09.51−03.05.54	Bremerhaven-Lehe
04.05.54−12.04.56	Holzminden
13.04.56−24.06.56	Braunschweig Vbf
25.06.56−31.07.59	Holzminden
01.08.59−21.02.66	Hannover-Linden
30.03.66−30.09.70	Hannover
01.10.70−30.09.73	Göttingen
01.10.73−27.08.78	Stuttgart

V 20 050 – 270 050−8

17.11.50−17.07.66	Augsburg
18.07.66−30.09.78	Stuttgart
01.10.78−30.11.78	Hamburg-Harburg

V 20 051 – 270 051−6

als V 22 007

05.05.47−14.01.49	PAW MaK Kiel
15.01.49−16.11.50	Soltau
17.11.50−29.10.51	Kiel (Bhf Eckernförde)
31.10.51−15.06.52	Umbau bei MaK

als V 20 051

16.06.52−31.05.72	Oldenburg Hbf
01.06.72−31.01.74	Oldenburg
01.02.74−09.05.75	Oberhausen
10.05.75−31.01.78	Hamm

V 20 052 – 270 052−4

als V 22 008

08.08.49−18.01.50	Rheydt
01.08.50−28.09.50	Ansbach
29.09.50−17.05.51	Bamberg
18.05.51− 51	Ansbach

bis Anfang 01.52 Umbau bei MaK

als V 20 052

01.52−20.04.53	Ansbach
21.04.53−17 01.54	Mainz
18.01.54−29.09.55	Mannheim
01.10.55−28.03.62	Villingen
29.03.62−19.09.63	Offenburg
20.09.63−29.11.63	Villingen
30.11.63−15.01.64	Offenburg
16.01.64−14.01.65	Villingen
03.03.65−23.11.66	Offenburg
24.11.66−31.01.70	Karlsruhe
01.02.70−23.12.73	Mannheim
24.12.73−31.01.77	Ludwigshafen

V 20 053 – 270 053−2

als V 22 006

08.06.47−09.08.47	Buchholz
10.08.47−17.04.48	Cuxhaven
18.04.48−07.03.50	Frankfurt (M) 1
08.03.50−17.05.50	Darmstadt
19.05.50−04.12.50	Oldenburg Hbf
05.12.50−27.07.51	EAW (Überholung)
28.07.51− 51	Stuttgart

anschließend Umbau bei MaK

als V 20 053

−06.07.54	Stuttgart

Rechts: Die 270 037–5 war mit 24 Dienstjahren die am längsten beim Bw Husum beheimatete V 20. Die Lok war bis in die siebziger Jahre im Rangierdienst auf der Holsteinischen Marschbahn beschäftigt, hier im Bahnhof Glückstadt.

Unten: Von 1953 bis 1976 war die ehemalige V 22 003 – später V 20 055 – beim Bw Oldenburg stationiert und bediente damals den Raum bis hinüber nach Leer/Ostfriesland (Bild).

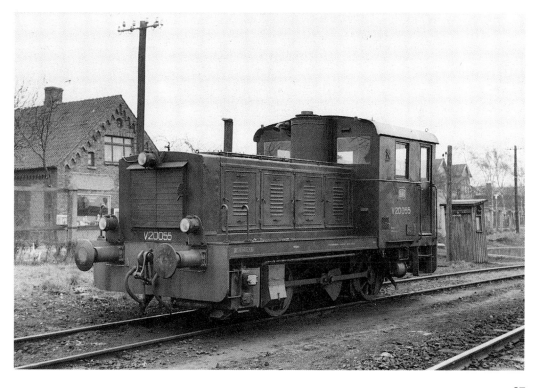

08.07.54–17.04.63 Mainz
18.04.63–06.09.76 Ludwigshafen

V 20 054 – 270 054–0
als V 22 001
01.07.49– 10.50 Augsburg
10.50– 52 Stuttgart
anschließend Umbau bei MaK
als V 20 054
 –19.02.54 Stuttgart
20.02.54–15.03.54 Mainz
16.03.54–11.05.54 Stuttgart
12.05.54–17.04.63 Mainz
18.04.63–17.07.79 Ludwigshafen
(abweichende Angaben:
31.01.48–05.10.48 Augsburg, dann HU
13.05.50–19.01.54 Stuttgart, dann Mainz)

V 20 055 – 270 055–7
als V 22 003
05.01.47–09.07.47 PAW MaK Kiel
08.07.48–24.09.48 PAW MaK Kiel
17.06.49–24.02.50 EAW ?
25.02.50–17.10.51 Hamburg-Harburg
22.10.51–15.12.51 EAW Nürnberg Rbf
16.12.51–18.02.52 Bocholt
19.02.52–14.11.52 Hamburg-Harburg
18.11.52–06.02.53 Umbau bei MaK
als V 20 055
07.02.53–09.04.53 Hamburg-Harburg
10.04.53–31.05.72 Oldenburg Hbf
01.06.72–29.05.76 Oldenburg
30.05.76–27.05.77 Bremen Rbf
28.05.77–13.06.78 Hannover

V 20 056 – 270 056–5
13.11.47–
06.08.48–29.05.49 Hamburg-Harburg

30.05.49–05.04.50 Cuxhaven
06.04.50–09.08.50 Hamburg-Harburg
10.08.50–20.12.50 Cuxhaven
21.12.50–12.05.52 Hamburg-Harburg
05.07.52–30.09.52 Kiel
01.10.52–16.12.52 Hamburg-Harburg
19.12.52–17.03.53 Umbau bei MaK
als V 20 056
19.03.53–31.05.72 Oldenburg Hbf
01.06.72–20.02.75 Oldenburg

V 20 057 – 270 057–3
als V 22 002
13.10.46–19.05.50 Oldenburg Hbf
20.05.50–16.02.51 EAW (Überholung)
17.02.51– 52 Stuttgart
anschließend Umbau bei MaK
als V 20 057
 –30.09.78 Stuttgart
01.10.78–30.11.78 Hamburg-Harburg

V 20 058
als V 22 009
16.01.47–11.11.48 EAW Nürnberg
 (Überholung)
12.11.48–13.07.49 Augsburg
14.07.49–05.10.49 Weiden
06.10.49–22.03.50 Mannheim Rbf
23.03.50–07.07.50 EAW (Überholung)
08.07.50–28.09.50 Bamberg
29.09.50– 53 Ansbach
anschließend Umbau bei MaK
als V 20 058 (Abnahme Opladen 16.12.54)
12.54–20.10.62 Ansbach
21.10.62–24.11.63 Nürnberg Hbf
11.63 verkauft an Hafenbetriebsgesellschaft Hildesheim

V 20 059 – 270 059–9
als V 22 004
21.09.48–14.01.51 Soltau
16.01.51–31.08.51 Flensburg
01.09.51–30.11.51 EAW Nürnberg
 (Überholung)
01.12.51–06.11.52 Hamburg-Harburg
03.12.52–17.03.53 Umbau bei MaK
als V 20 059
19.03.53–11.12.68 Oldenburg Hbf
13.12.68–14.03.69 AW Opladen
 (Überholung)
17.03.69–11.08.69 AW Bremen
 (Überholung)
12.08.69–31.10.75 Hamburg-Harburg

V 20 060 – 270 060–7
als V 20 015
05.45–04.07.48 Oldenburg Hbf
05.07.48–06.12.49 Stuttgart
07.12.49–11.08.50 EAW Nürnberg
 (Überholung)
12.08.50–09.10.50 Augsburg,
 10.10.50
als Gerät
10.10.50–21.07.53 AW München-Freimann,
 WA Rosenheim
22.07.53–30.12.53 Umbau bei MaK
als V 20 060
09.01.54–08.02.54 AW Nürnberg (Abnahme)
09.02.54–20.10.54 Ansbach
21.10.54–27.09.55 Neuenmarkt-Wirsberg
28.09.55–09.04.56 Bamberg
10.04.56–30.05.56 Neuenmarkt-Wirsberg
01.06.56–30.06.65 Bayreuth, Ast
 Neuenm.-W.
01.07.65–12.10.73 Stuttgart

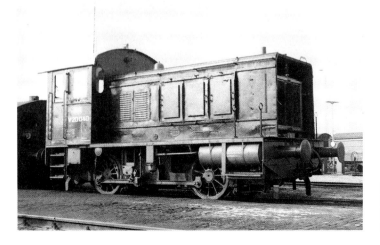

Die V 20 040 war zeitlebens im Bereich der BD Hannover zu Hause. Im Februar 1967 gehörte sie zum Bw Delmenhorst.

Die Baureihe V 36

Übersicht über die V 36 der DB

Betr.-Nr.	Hersteller	Baujahr	Fabrik-Nr.	Ausmusterung	bei Bw
001	O & K	1938	20 912		Umbau in V 36 239
002	O & K	1938	20 917	67	AW Opladen (?), verkauft an VGH V 36 003
003	Schwartzkopff	1938	10 752	64	AW Jülich (?), verschr.
101	O & K	1940	21 182	23.11.77	AW Schwetzingen
102	O & K	1940	21 303	02.07.80	Stuttgart, 07.80 verkauft an Fa. Schwenk
103	O & K	1939	21 340		01.51 Eigentum der Brit. Besatzungsmacht
104	O & K	1942	21 464	16.12.75	München Hbf
105	O & K	1942	21 467	23.10.76	Fulda
106	O & K	1940		21.05.77	Stuttgart
107	Schwartzk.	1940	11 216	06.08.77	Fulda
108	Schwartzk.	1940	11 218	30.03.78	Mannheim, DB-Museumslok
109	Schwartzk.	1940	11 219	22.08.79	Altenbeken
110	Schwartzk.	1940	11 221	30.12.76	Stuttgart
111	Schwartzk.	1940	11 379	07.08.73	Mannheim
112	Schwartzk.	1941	11 462	01.09.76	Hannover
113	Schwartzk.	1942	11 646	30.06.76	Frankfurt (M) 1
114	Schwartzk.	1942	11 647	26.02.78	Kassel, 11.77 verkauft an BOE 282
115	DWK	1944	2001	16.12.77	Hannover
116	Henschel	1941	26 140	25.06.63	Aalen, 07.63 verkauft an VGH V 36 001
117	DWK	1944	2002	20.05.77	Fulda
118	DWK	1944	2004	16.12.77	Hannover
119	Schwartzk.	1940	11 384	31.12.80	Krefeld, 10.80 verkauft an Fa. Schwenk
120	O & K	1940	21 343	01.03.76	Stuttgart
121	Schwartzk.	1943	11 700	24.09.78	Altenbeken
122	Deutz	1944	55 100	31.10.76	Stuttgart
123	Schwartzk.	1940	11 382	30.03.78	Stuttgart, DB-Museumslok
124	Deutz	1944	55 102	18.03.79	Frankfurt (M) 1
125	O & K	1943	21 488	07.12.76	Mannheim
126	Schwartzk.	1941	11 257	25.08.75	Hannover
150	Holmag	1947	2006	21.04.77	Fulda
201	Schwartzk.	1939	10 838	21.04.77	Bremen Rbf
202	Schwartzk.	1939	10 842	01.09.76	Wuppertal
203	Schwartzk.	1939	10 929	24.02.76	Hannover
204	Schwartzk.	1939	10 991	24.08.78	Hannover, verkauft an DGEG Dahlhausen
205	Schwartzk.	1939	10 844	22.08.79	WAbt. Oldenburg
206	Schwartzk.	1939	10 846	26.07.77	Wuppertal
207	Schwartzk.	1939	10 847	02.08.73	AW Darmstadt
208	Schwartzk.	1939	10 987	18.04.74	Holzminden
209	Schwartzk.	1939	10 989	01.09.76	Hannover
210	Schwartzk.	1939	10 996	01.05.75	AW Stuttgart-Bad Cannstatt
211	Schwartzkopff	1942	11 460	vor 1954	Bremen-Vegesack?
212	Schwartzk.	1943	12 047	26.07.77	Hannover
213	Schwartzk.	1943	12 051	27.05.79	Kassel, 05.79 verkauft an VGH V 36 007
214	O & K	1941	21 457	21.05.77	Hannover
215	O & K	1939	21 131	16.07.77	Holzminden
216	O & K	1939	21 137	21.05.77	Hannover
217	O & K	1940	21 296	24.02.76	Bremen Rbf
218	O & K	1941	21 481	26.04.78	Altenbeken
219	Deutz	1941	36 240	26.04.78	Bremen Rbf
220	Deutz	1943	36 632	26.01.78	Hamburg-Harburg
221	Deutz	1943	36 636	21.04.77	Bremen Rbf
222	Deutz	1943	39 628	01.09.76	Hannover, 11.76 verkauft an VGH V 36 004
223	Deutz	1944	46 397	23.03.75	Finnentrop
224	Deutz			vor 12.52	(Quelle: Schadow)
225	Deutz	1944	47 154	24.09.78	Hannover, verkauft an BLME 12
226	Deutz	1944	47 157	07.08.73	Finnentrop
227	Deutz	1944	47 180	50	verkauft an IVG (Industrie-Verw.-Ges. 5)
228	Deutz	1944		vor 12.52	(Quelle: Schadow, Fabr.-Nr. 55 102 = V 36 124)
229	Krupp	1940	1983	01.09.76	AW Hamburg-Harburg
230	Schwartzk.	1939	10 988	21.04.77	Wuppertal
231	O & K	1939	21 129	21.05.77	Wuppertal, 05.77 verkauft an DGEG Dahlhausen

Betr.-Hersteller Nr.		Bau- jahr	Fabrik- Nr.	Ausmu- sterung	bei Bw
232	Deutz	1949	46980	06.08.77	Hannover
233	Deutz	1949	46981	21.04.77	Göttingen
234	Deutz	1949	47012	31.12.77	Wuppertal
235	Deutz	1949	47013	19.04.74	Wuppertal
236	O & K	1940	21452	06.08.77	Wuppertal
237	Deutz	1944	47179	26.04.79	Altenbeken, 03.78 verkauft an VGH V 36 005
238	Schwartzk.	1939	10986	16.12.77	Hannover
239	O & K	1938	20912	62	Husum, 05.62 ver- kauft an BOE 278, Umbau aus V 36 001
251	Holmag	1947	2007	22.02.75	AW Witten
252	Holmag	1947	2008	07.12.76	Rheine
253	Holmag	1947	2009	22.08.81	Awst Oldenburg 12.63 verkauft an Schamotte- und Tonwerke Ponholz
254	Holmag	1947	2010		
255	Holmag	1948	2012	11.06.81	Altenbecken
256	Holmag	1948	2011	01.12.77	Wuppertal
257	Holmag	1948	2014	21.04.77	Braunschweig
258	Holmag	1948	2015	04.06.73	Hannover
259	Holmag	1948	2016	19.02.77	Bremen Rbf
260	Holmag	1948	2017	30.03.78	Stuttgart
261	Holmag	1948	2018	06.06.78	Stuttgart
262	Holmag	1948	2019	22.11.80	Stuttgart, 02.81 verkauft an Fa. Scheufelen
301	DWK	1942	756	04.54	Tfz für Schleifzug (9679 Han), 1961 an Mindener Kreis- bahn 11
310	DWK	1937	610	07.09.52	Bww Kassel, Tfz für Schleifzug (9678 Han), 1962 an Westfälische Landesbahn
311	DWK	1940	688	31.05.55	05.55 verkauft an Mindener Krb 9
312	DWK	1940	689	13.08.54	08.54 verkauft an Mindener Krb 7
313	DWK	1941	690	07.12.53	
314	DWK	1941	691	06.09.54	04.54 verkauft an Mindener Krb 8
315	DWK	1941	693	20.12.54	Bww Kassel, 12.54 verkauft an Max- hütte Sulzbach
316	DWK	1944	776		vor 12.51 an RTC bzw. Peeters, Brüssel
317	DWK	1941	694	20.12.54	Bww Kassel, 12.54 verkauft an Max- hütte Sulzbach
318	DWK	1941	692	54	08.54 verkauft an Mindener Krb 6
401	MaK	1950	360010	24.01.79	Frankfurt (M) 1, 11.78 verkauft an Museumsbahn Darmstadt
402	MaK	1950	360011	18.02.77	Frankfurt (M) 1
403	MaK	1950	360012	20.09.74	Frankfurt (M) 1
404	MaK	1950	360013	23.10.76	AW Schwetzingen
405	MaK	1950	360014	22.08.81	Frankfurt (M) 2, verkauft an Hist. Eisenbahn Ffm
406	MaK	1950	360015	24.11.79	Frankfurt (M) 1, verkauft an Hist. Eisenbahn Ffm
407	MaK	1950	360016	25.07.79	Hanau
408	MaK	1950	360017	27.03.76	Frankfurt (M) 1
409	MaK	1950	360018	18.02.77	Frankfurt (M) 1
410	MaK	1950	360019	30.03.78	Hanau
411	MaK	1950	360020	22.08.79	Frankfurt (M) 1, verkauft an Mu- seumsbahn Darm- stadt
412	MaK	1950	360021	27.05.79	Hanau, 05.79 ver- kauft an VGH V 36 006
413	MaK	1950	360022	19.04.75	Gießen
414	MaK	1950	360023	20.05.77	Frankfurt (M) 1
415	MaK	1950	360024	26.01.78	Frankfurt (M) 1
416	MaK	1950	360025	21.05.77	AW Hamburg- Harburg
417	MaK	1950	360026	18.02.77	Frankfurt (M) 1
418	MaK	1950	360027	24.08.78	Frankfurt (M) 1

Abweichende Baujahre in DB-Quellen

V 36 105 BZA Mü 1951 + 1958 = 19**4**3, Umz.-Liste 06.67 = 19**4**4
V 36 106 BZA Mü 1951 Hersteller = O & K 1940/**36 273**
V 36 107 BZA Mü 1951 + 1958 = 193**9**
V 36 113 Umz.-Liste 06.67 = 1941
V 36 114 Umz.-Liste 06.67 = 1941
V 36 122 Umz.-Liste 06.67 = 1941
V 36 215 BZA Mü 1951 = 193**9**
V 36 216 BZA Mü 1951 = 193**9**
V 36 220 BZA Mü 1951 + 1958 = 194**8**

Die Varianten im Überblick

V 36⁰

Auf den ersten Blick scheint alles klar und einleuchtend: Die Vorausloks – wenigstens z. T. aus der ehemals als WR 360 C 12 bezeichneten Serie übernommen – wurden zur V 36^0, die Serienloks WR 360 C 14 mit MWM-Motor wurden als V 36^1 eingestellt, jene mit Deutz-Motor als V 36^2, die DWK-Abweichler wurden zu Loks der Reihe V 36^3 und die Nachkriegsentwicklung schließlich bekam die Reihe V 36^4 zugewiesen.

Bei genauerem Hinsehen jedoch offenbaren sich auch innerhalb der Hunderterreihen eine ganze Menge von Unterschieden, die man bei dieser ersten Diesellok-Baureihe, die in Serie hergestellt wurde, eigentlich nicht erwartet. Zudem wurde auch nach dem Krieg noch eifrig an diesen ehemaligen Wehrmachtsloks herumgewerkelt, wurden Details verändert, vielfach verbessert, so daß letztlich bald jede Lok ihre Besonderheiten aufwies.

Alle diese Bauartänderungen lassen sich heute allemal nicht mehr rekonstruieren. Zudem dürften sie für denjenigen, der einen Überblick über die Vielfalt dieser ehemaligen Wehrmachts-Dieselloks bekommen will, ohne großen Belang sein. So soll im Nachfolgenden nur auf das Wesentlichste hingewiesen werden.

Es muß noch eine ganze Menge WR 360 C 12 gegeben haben. Drei von ihnen gelangten an die DB. Wie ein Blick auf die Typenübersicht zeigt, lagen Achsstand und LüP merklich unter den Werten der Serienausführung. Auch hinsichtlich der zulässigen Höchstgeschwindigkeit gab es Unterschiede zur Serie: 45 km/h waren maximal zugelassen. Die drei bei der DB vorhandenen V 36^0 waren mit Deutz-Motor ausgerüstet, demselben V6M 436, wie ihn auch die V 36^2 besaß. Wegen ihrer baulichen Abweichungen wurden die Einzelgänger frühzeitig schon in den Werkstattdienst übernommen, V 36 002 + 003 wurden Mitte der sechziger Jahre ausgemustert und V 36 001 in V 36 239 umgebaut und umgezeichnet, ehe sie im Sommer 1962 an die Bremervörde-Osterholzer Eisenbahn verkauft wurde, einer der ersten Verkäufe von Bundesbahn-V 36 übrigens.

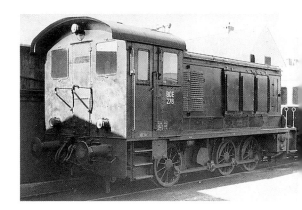

Hinter der „BOE 278" verbirgt sich die Bundesbahn-V 36 001 von O & K, später umgebaut in V 36 239 und 1962 an die Bremervörde-Osterholzer Eisenbahn verkauft (Bremervörde, 13. April 1963).

Abmessungen V 36

(in mm)	LüP	Breite	Höhe	ges. Achsstand	Rad-⌀
V 36^0 001–003	8700	3100	3800	3600	1100
V 36^1 101–126 + 150	9200	3100	3800	3950	1100
V 36^2 201–261	9200	3100	3800	3950	1100
262	9200	3100	3800	4400	1100
V 36^3 301 + 316	9100	3100	3950	4200	1250
310	9100	3100	4350	3500	1250
311–315, 317 + 318	9100	3100	3950	4000	1250
V 36^4 401–418	9240	3100	3757	4400	1100

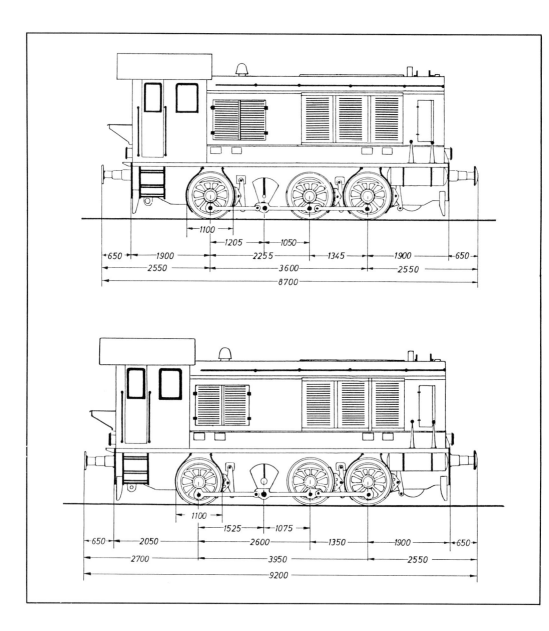

Seitenansicht der Bundesbahn-V 36^0 (oben) und V 36^{1+2} (unten)

V 36[1]

Die Nummernreihe der V 36[1] läßt zunächst eine gewisse Ordnung erkennen. Da sind die Loks von O & K und von Schwartzkopff fein säuberlich aneinandergereiht, erst die einen, dann die anderen, es folgen die DWK-V 36 der Einheitsbauart (mit jenem „Fremdkörper" von Henschel mittendrin), und ab Betriebsnummer 119 geht es dann kreuz und quer durcheinander, es folgen Loks von O & K auf solche von Schwartzkopff, tummeln sich Deutz-V 36 unter den O & K- und Schwartzkopff-Bauten. Die Vermutung liegt nahe, daß die V 36 bis zur Betriebsnummer 114 (oder 118) so etwas wie einen „Anfangsbestand" gebildet haben, der zum Zeitpunkt der nummernmäßigen Einordnung in dieser Form vorhanden war, während die nachfolgenden V 36 Lok für Lok eintrafen, aus STEG-Übernahmen kamen oder aufgearbeitete Schadloks waren usw. Sie bekamen daher die an die vorhergehenden V 36[1] anschließenden Betriebsnummern, ohne daß auch hier nach Herstellern unterschieden wurde. Als Nachkriegsbau schließlich stieß 1947 die V 36 150 hinzu, die einzige mit MWM-Motor ausgerüstete V 36 aus der fünf Loks umfassenden und nicht mehr ausgeführten Bestellung für die Luftwaffe von 1943.

Ein Vergleich der Fahrzeugfotos dieser V 36[1] zeigt viele *Unterschiede* im Detail. Es ist hierbei noch nicht einmal an solch auffällige Veränderungen wie die der aufgesetzten Kanzeln für eine bessere Übersicht im Streckendienst gedacht. Auch sonst lassen sich zahlreiche, in den Merkbüchern nicht

Ihre Karriere beschloß die 236 109–5 beim Bw Altenbeken 1978/9.

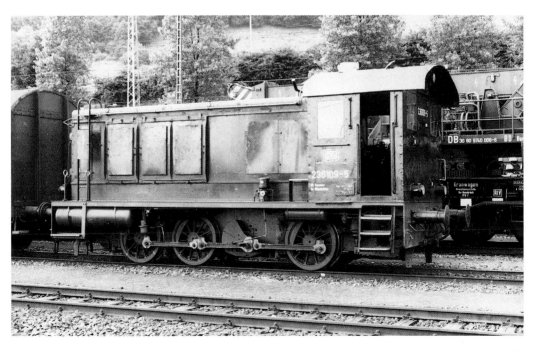

erfaßte Unterschiede feststellen. Zusätzliche Luftbehälter, überhaupt die Anordnung dieser Gefäße, Schiebe- und Klapptüren an den Vorbau-Seiten in mannigfacher Form, der aufgesetzte „Höcker" an der Stirnseite über dem Ventilator, all dies sind übrigens An- und Umbauten, die auch für die nachfolgenden Reihen V 36^2 und, in begrenztem Ausmaß, V 36^4 gelten. Und eben jener *MWM-Sechszylinder*, dessen Daten – im Vergleich zum *Deutz-Diesel* der V 36^0 und V 36^2 – folgendermaßen lauten:

Hersteller	MWM	Deutz
Typ	RHS 235	V6M 436
Nennleistung	360 PS	360 PS
bei U/min	600	600
Hub	350 mm	360 mm
Bohrung	250 mm	240 mm.

V 36^2

Rein von der Anzahl her überwog die Deutzversion bei weitem. Die Liste nennt insgesamt 51 Maschinen. Allerdings sind in dieser Zahl auch die Nachkriegslieferungen aus der „Resteverwertung" (Deutzloks V 36 232–235 und Holmag V 36 251–254) nicht mehr abgewickelter Wehrmachtsaufträge und die Nachbestellungen (Holmag V 36 255–262) eingeschlossen.

Trotz aller Nachforschungen bleiben einige V 36^2 im Dunkeln. Dies betrifft die V 36 224 und 228, die – wenn sie jemals existiert haben – schon vor Ende des Jahres 1952 ausgeschieden sein müssen. Frühzeitig verkauft wurden auch die V 36 227, 239 (besagte ex-V 36 001) und 254, deren Verbleib

aber immerhin bekannt ist. Innerhalb der Baureihe V 36² sind die äußeren Unterschiede noch größer als bei der V 36¹. Auch sie lassen sich bei eingehender Betrachtung der Fahrzeugfotos mühelos ausmachen. Hingewiesen werden soll insbesondere auf die V 36 262, gewissermaßen der Prototyp für die nachfolgenden V 36⁴.

V 36³

Hier zeigt sich das größte Sammelsurium an V 36-Varianten, die neben der Tatsache, daß es sich hier ausschließlich um Loks des Herstellers DWK handelte, vor allem dadurch hervortraten, daß sie nicht zur vereinheitlichten Bauart WR 360 C 12 bzw. 14 zählten, sondern DWK-eigene Schöpfungen mit DWK-Diesel und mechanischem DWK-Getriebe waren. Auch bei den Abmessungen gab es zahlreiche Unterschiede; der Prototyp V 36 310 paßte sowieso nicht in den Rahmen dieser V 36³. Auf die komplette Reihe der von DWK gebauten *V 36-Eigenentwicklungen* ist bereits im Kapitel über die Lokbautätigkeit der Deutschen Werke Kiel hingewiesen worden, so daß die Ausführungen hier nicht wiederholt werden müssen. Zehn dieser Loks, Beispiele für alle drei Varianten, kamen jedenfalls zur DB, wo sie ein Einzelgängerdasein fristeten und – ähnlich wie die meisten V 15/16 und die dreiachsige V 22 – meistenteils schon bis Mitte der fünfziger Jahre aus dem aktiven Dienst bei der DB ausschieden.

Ein bewegtes Leben hatten die V 36 301 und V 36 310, beides „Abweichler" von der DWK-Regelbauart. Nach erfolgter HU in Kiel kam die V 36 310 im Februar 1948 zum Bw Bremen Hbf (später Gruppe Bremen-Vegesack), machte dort aber wohl wenig Freude (die langen AW-Aufenthalte in Kiel und später dann in Nürnberg belegen dies), wechselte im November 1950 zum Bww Kassel über, das damals mehrere V 36³ im Bestand hatte und kam im Dezember 1953 zum Mbg. Bremen-Vegesack zurück. Zu diesem Zeitpunkt stand die weitere Verwendung der V 36 310 als Zuglok im *Schienenschleifzug 1* bereits fest. Die „Geräte-Lok 80 580 (V 36 3107)" lief zunächst beim Bw Vegesack, kam im Oktober 1955 zum Bw Delmenhorst und wurde ab August 1956 beim Bw Hannover im Bestand geführt. Erst seit diesem Zeitpunkt taucht die neue Betriebsnummer 9678 Han im Betriebsbuch auf. Die „Sonderlok

Oben: V 36 262 – mit vergrößertem Achsstand – bei Ablieferung im Jahre 1948.

Links: Die seit November 1973 beim Bw Wuppertal beheimatete 236 202–8 versah bis zuletzt den Verschub in den Wuppertaler Bahnhöfen (Güterbahnhof Steinbeck, 23. Februar 1976).

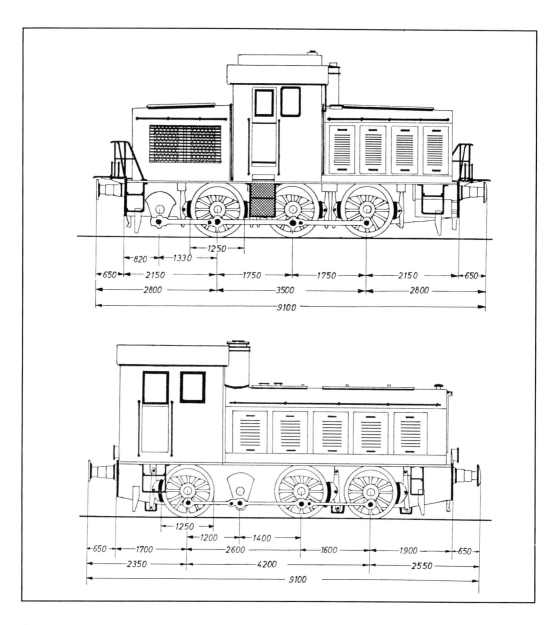

Übersichtszeichnung der DWK-Bauarten DB V 36 310 (oben) und V 36 301 (unten)

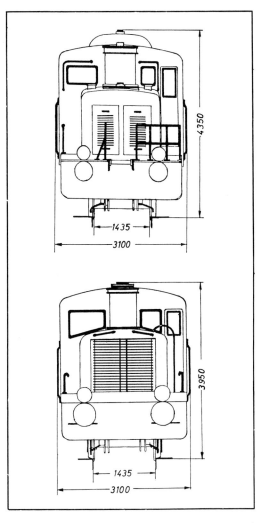

1962, rüsteten ihn mit einem neuen Motor aus und verwendeten die Lok bis zum Fristablauf 1974.
Die zweite Zuglok des Schienenschleifzugs 1, „9679 Han", wurde ähnlich wie die vormalige V 36 310 in den fünfziger Jahren von verschiedenen Bws innerhalb der BD Hannover eingesetzt und war zuletzt beim Bww Hannover beheimatet. Die Mindener Kreisbahnen übernahmen das Fahrzeug 1961.
Erwähnenswert ist, daß die DWK-V 36 erst bei ihren letzten Besitzern neue Motoren bekamen. Die drei zur WLE gekommenen V 36 310, 315 und 317 wurden auf den MaK-Motor MS 301 F umgerüstet. Dieser lebte z. T. auch nach Verschrottung der Lok in anderen WLE-Loks weiter.

V 36^4

Mit den 18 im Jahre 1950 ausgelieferten V 36^4 war die Beschaffung von Fahrzeugen dieses Typs für die DB abgeschlossen. In den folgenden Jahren wurden sehr schnell schon Neubauten entwickelt, die die V 36 zwar nicht mit einem Schlag als veraltet gelten ließen, die aber doch den beträchtlichen Abstand zu diesem mittlerweile immerhin bald zwanzig Jahre alten Baumuster offenbar werden ließen.
Die V 36^4 *unterschied sich* von den Vorgängerserien durch den schon bei der V 36 262 vorhandenen größeren Achsstand von 4400 mm (gegenüber 3950 mm) und die unwesentlich größere LüP, 9250 mm gegenüber 9200 mm bei den V 36^{1+2}. Eingebaut war in die Loks eine Weiterentwicklung des MWM-Diesels RHS 235s, der RHS 335s mit 360 PS Dauerleistung bei 600 U/min. Als Getriebe wurde eine überarbeitete Form des Voith L 37 gewählt.
In der Anfangsphase gab es noch eine ganze Reihe weiterer Details, die diese V 36^4 von den Vorgänger-V 36 unterschieden. Wie eine Auswertung des 1970er Merkbuchs zeigt, wurden einige dieser Verbesserungen später wieder zurückgenommen,

für Schienenschleifzug 1" mußte häufig ins AW Opladen, letztmalig bis August 1959. Ab 11. August 1959 war sie wieder beim Bww Hannover, doch vermerkt das Betriebsbuch für die Folgezeit weder Einsätze noch AW-Aufenthalte, so daß anzunehmen ist, daß die Lok wenig später abgestellt worden ist. Die Westfälische Landes-Eisenbahnen (WLE) kauften den V 60-Vorläufer

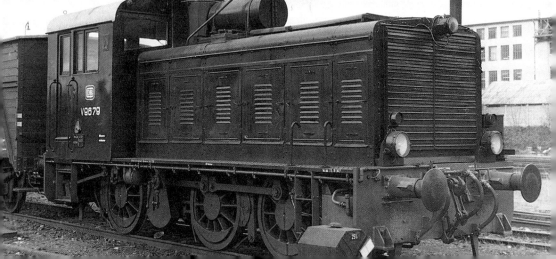

Oben: V 36 401 bei Ablieferung.

Links oben: Noch 1959 präsentierte sich die ehemalige Bundesbahn-V 36 310 als Zuglok 9678 Han des Schienenschleifzugs 1 in tadellosem Zustand (Korbach, 27. Oktober 1959).

Links: Auch die zweite Lok des Gespanns, „V 9679" (Aufschrift) – vormals V 36 301 – zeigte sich zu diesem Zeitpunkt in strahlendem Glanz.

während andere auch bei den V 36^{1+2} übernommen wurden. Neu waren zu Anfang außerdem:
- die pneumatische Steuerung des Wendegetriebes;
- der Einbau eines wassergekühlten MaK-Aufladeventils, das vom Führerstand aus bedient werden konnte;
- eine weichere Federung mit elf Lagen 90 x 13 gegenüber vorher 9 Lagen 90 x 16 (ein Versuch, die V 36^{1+2} mit sechs Lagen 90 x 16 weicher zu gestalten – V 36 105 – schlug übrigens fehl);
- 700-l-Treibstoffbehälter statt 400 l;
- Ausrüstung mit Kühlerjalousie;
- Ausrüstung mit Zeitwegschreibern;
- Ausrüstung mit Unterflurofen zum Anwärmen des Kühlwassers;
- Führerstandbeheizung mit besonderen Heizkörpern.

(Quelle: ED Ffm – Bewährung der 360-PS-Diesellokomotive V 36^4 von Juni 1951)

Ansonsten waren die V 36^4 „normale" V 36, und wie die Bilder belegen, paßten sie sich bald schon meisterhaft den älteren V 36^{1+2} an: der Anstrich verblaßte, es wurde an den Loks herumgebaut, es kamen Teile hinzu oder wurden wieder abgebaut,

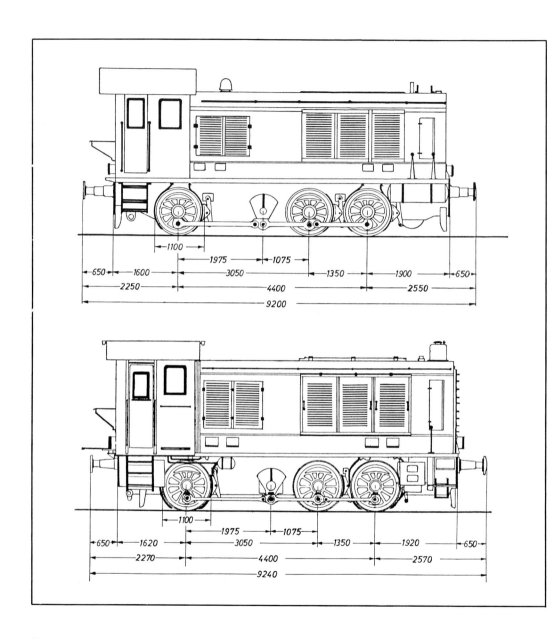

Seitenansicht der V 36 mit vergrößertem Achsstand,
oben V 36 262, unten V 36⁴

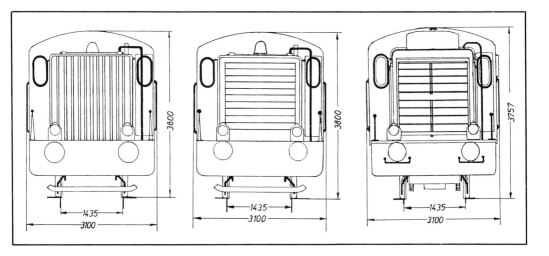

Die Gesichter der V 36: V 36^{0-2} bei Übernahme, nach Modernisierung und V 36^4 (von links nach rechts)

und schließlich war auch die V 36^4 nur noch an den Betriebsnummern als „Nachkömmling" zu identifizieren, rein äußerlich kein bißchen jünger als die betagten V 36^{1+2} von 1939/40.

Sonstige konstruktive Unterscheidungsmerkmale

Die V 36 behielten bei der DB ihre ursprünglichen Motortypen. Hingegen bekamen sie teilweise in den zwanzig und mehr Jahren ihrer Bundesbahn-Zugehörigkeit die neue Version des Voith-Getriebes L 37 eingebaut, wie es die V 36^4 bereits ab Werk erhalten hatte (übrigens nicht die Nachkriegsbauten V 36 150, 251 ff). Hinsichtlich der größten *Anfahrzugkraft* lagen der Deutz-Diesel V6M 436 und der neuere MWM-RHS 335s annähernd gleich: im Langsamgang waren es 10 500, im Schnellgang hingegen nur 8000 kp. Das Merkbuch von 1970 verzeichnet abweichend für die V 36 205, 207, 213, 219, 238 und 262 9000 bzw. 8000 kp. Für den RHS 235s werden 9000 bzw. 8000 kp genannt. Die *Steuerung* der überwiegenden Anzahl der V 36 erfolgte auf mechanischem Wege. Hydraulische Steuerung nennt das 1970er Merkbuch lediglich für die V 36 126, 204–206, 230 + 231, 234–237, 256, 416, 418, eine pneumatische Steuerung für die V 36 109, 208, 210, 225 + 226 und 229.

Auf die größte zulässige *Geschwindigkeit* von 60 km/h für die V 36^{1-4} ist bereits hingewiesen worden (maximal 30 km/h im Langsamgang), ebenso auf die davon abweichende V_{max} von 45 km/h für die V 36^0. Für die V 36^3 werden im 1950er Merkbuch sogar 62,5 km/h angeführt. Wie bei der V 20, wurden die Höchstgeschwindigkeiten Anfang der sechziger Jahre generell auf 27 bzw. 55 km/h gesenkt. Als kleinste Dauergeschwindigkeit waren 7 (Langsam-) bzw. 10 km/h (Schnellgang) zulässig.

Alle V 36 mit Ausnahme der V 36^3 und der V 36^4 (24 V) verfügten anfangs über eine 12-V-Anlage. Im Laufe der Jahre kam es dann auch bei Batterie und Lichtmaschine zu der bereits bei der V 20 vorgefundenen Vielfalt von Typen. Auch hier soll daher nicht weiter aufgezählt werden, welche Typen und Kombinationen im einzelnen vorkamen. Erwähnt werden soll nur die bei zuletzt immer noch mehr als 50 V 36 vorkommende Kombination aus der Lichtmaschine Typ GTL 700/24/975 mit einer 24-Volt-Batterie von 180 Ah. Die meisten V 36 besaßen 1970 einen *Vorratsbehälter* für 630 l Dieselkraftstoff. Einige Loks verfügten auch über Behälter von 1350 oder sogar 1500 l Inhalt.

Bauartveränderungen zur Verbesserung der Streckentauglichkeit

Die meisten V 36 waren sowohl im Rangier-, als auch im Streckendienst eingesetzt. Von daher ist es verständlich, daß die meisten Loks im Laufe der Jahre mit *Sicherheitsfahrschaltungen* versehen

V 36 115, von August 1950 bis September 1977 in München Hbf beheimatet, hatte in den fünfziger Jahren die Einheitskanzel bekommen (Bw München Hbf 1. November 1966).

wurden. Bis 1970 waren dies sämtliche V 36 mit Ausnahme der Werkloks V 36 251 und 404 und die V 36 238 mit hohem Führerhausaufbau.

Ebenso waren alle zu diesem Zeitpunkt noch vorhandenen V 36 mit Einrichtungen für den *Einmannbetrieb* ausgestattet; lediglich die Betriebsnummern 121, 125, 202, 223, 252, 255, 260 + 261, also insgesamt acht Loks, besaßen diese Einrichtungen nicht.

Ähnlich hoch ist 1970 der Ausstattungsgrad mit *Zeitwegschreiber* (Ausnahmen nur: V 36 126, 207, 208, 210, 225, 226, 229, 238). Und ohne Spurkranzschmierung kamen 1970 nur die V 36 201, 203, 215 und 218 aus.

Ebenso wie die V 20 waren auch die V 36 nicht mit Indusi versehen. Die markanteste Änderung allerdings war der schrittweise vorgenommene Ausbau der V 36 mit *Hochführerständen* oder einfacher – mit Kanzeln. Zur Verbesserung der Sichtverhältnisse vor allem bei Fahrt „Vorbau voraus" hatte das BZA München in den frühen fünfziger Jahren recht primitiv aussehende Kanzeln entwickelt, von denen aus eine „Rundumsicht" gewährleistet war. Der Führertisch mit sämtlichen Bedie-

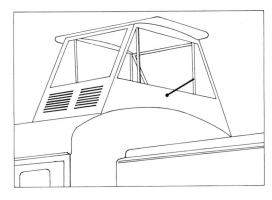

Die „Primitivkanzel" der V 36 119

Unten: Eigenbau ist unverkennbar: Steinbecker V 36 238 mit erhöhtem Führerhaus, größeren Fenstern und dem markanten Auspuff Ende der fünfziger Jahre.

nungshebeln mußte bei dieser Maßnahme ebenfalls angehoben werden, um von dem erhöhten Standpunkt des Lokführers aus zugänglich zu bleiben. Erste V 36 mit dieser Primitivkanzel waren die V 36 119 und 120, beide übrigens mit unterschiedlichen Ausführungen. Während die ursprüngliche Kanzel der V 36 119 recht weit nach oben hinausragte und großzügig verglast war, wirkte die Kanzel der V 36 120 etwas niedriger, wie auch die Fenster bei dieser Kanzel nicht so weit herunterreichten. Die V 36 119 besaß zusätzliche Lüftungsschlitze an den beiden Seiten der Kanzel, während nach vorn und hinten – ebenso wie bei der Kanzel der V 36 120 – Scheibenwischer angebracht waren.

Es gab wahrscheinlich noch einige dieser V 36 mit Primitivkanzel, doch wurden sie meist sehr bald schon durch die Serienausführung ersetzt, wie sie von vielen Bildern her bekannt ist. Während das Dach der V 36^{1+2} normalerweise 3800 mm über Schienenoberkante lag, reichte es bei den Loks mit Kanzel der Serienausführung 4265 mm hinaus.

Hingewiesen werden muß schließlich noch auf die Sonderform der V 36 238, wie sie das Bw Wuppertal-Steinbeck in Eigenarbeit entwickelt hatte. Das übliche Tonnendach des Führerhauses wurde durch einen Aufbau ersetzt, der sich von den Seitenflächen hochzog, sich nach oben verjüngte, Raum für große Fensterflächen bot und nach oben mit einem kleinen Schutzdach abschloß. Die Türen waren bei dieser Kanzelform zurückgesetzt angeordnet. Von der ganzen Konstruktion her ähnelte diese V 36 mehr den Umbauten der MaK für die Eisenbahngesellschaft Altona-Kaltenkirchen von Mitte der fünfziger Jahre. Was diese V 36 238 angeht, so erregte das Einzelstück stets Aufsehen, zunächst im Strecken- und im Rangierdienst im Raum Wuppertal, später dann auch in Hannover, wohin die Lok bis zu ihrem Ausscheiden 1977 schließlich umstationiert wurde.

Die Liste der mit Kanzel ausgerüsteten V 36 ist wahrscheinlich nicht vollständig. Zudem liegt der Verdacht nahe, daß einige Loks nur zeitweilig mit

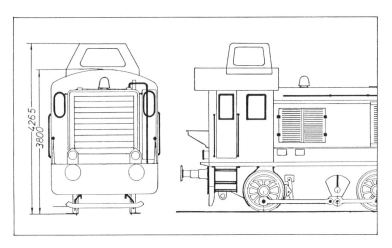

Die Serienbauart der Kanzel zur V 36

Hochführerstand verkehrten. Bis 1963 sollen die V 36 102, 104, 106, 108, 110, 112, 115, 116, 117, 122 und 123 Kanzeln bekommen haben. Im 1970er Merkbuch werden teilweise andere Betriebsnummern genannt: 104, 109, 110, 115 (lt. Betriebsbuch seit 1955), 118, 119, 120, 122, 123 (seit 1954), 213, 219, 262, 416 und 418, dazu die Sonderform der V 36 238. Zumindest die V 36 124 hat wenigstens für einige Zeit eine Kanzel besessen (Einbau 1953), doch werden wahrscheinlich auch noch andere V 36 mit dieser Einrichtung unterwegs gewesen sein.

1950 steckte der *Wendezugbetrieb* mit Dieselloks noch in den Kinderschuhen. Es gab damals nur die Möglichkeit der *indirekten Steuerung*, was bedeutete, daß jeder Zug „mit zwei förmlich zum Lokführer geprüften Reglerberechtigten" besetzt ist. *„Von diesen muß der eine, in dessen Händen die Führung der Motorlok liegt, den Führerschein für Motorlok besitzen, der andere Reglerberechtigte muß mindestens so ausgebildet und geprüft sein, daß er bei Dienstunfähigkeit des Motorlokführers die Lok stillsetzen kann. Beim Schiebebetrieb ist der Steuerstand des an der Spitze laufenden Steuerwagens mit dem Reglerberechtigten und die Lok mit dem Motorlokführer besetzt. (. . .) Der Steuerwagen ist mit vereinfachter Sicherheitsfahrschaltung ausgerüstet und die Lok mit einer druckluftgesteuerten Einrichtung versehen, die es ermöglicht, den Motor vom Steuerwagen aus abzustellen. Die Verständigung zwischen Steuerstand und Lok geschieht durch Hupen- oder Klingelzeichen."* (ED Frankfurt: Bewährung der 360-PS-Diesellokomotive V 36[4] vom Juni 1951).

Nur beim Bw Wuppertal-Steinbeck wurden sechs V 36 auf *direkte Steuerung* umgerüstet, die V 36 208−210, 225 + 226 und 229. Dem vorausgegangen war der Einbau einer elektropneumatischen Fernsteuerung bei der V 36 238 (mit der Eigenbau-Kanzel). Nunmehr konnte die V 36 auch als Zuglok mit der Sicherheitsfahrschaltung des Steuerwagens gefahren werden. Im Januar 1959 fanden erste Probefahrten statt, ab März dann ein erster Betriebseinsatz, und bis Anfang März 1960 waren alle sechs Einheiten im Plandienst unterwegs. Diese zur Personaleinsparung gedachte Maßnahme (nunmehr reichte ein Lokführer aus) wird dennoch wohl kaum rentabel gewesen sein, denn bis spätestens Juli 1960 verschwanden die letzten Wuppertaler V 36 aus dem Wendezugeinsatz.

Lebensläufe

V 36 001
umgebaut in V 36 239, siehe dort
V 36 002
bis 7/49   ED Wuppertal
           (05.48 Bw Hamm)
7/49 bis 7/50   ED Stuttgart
1/51   ED Hamburg, Bw Hamburg-Harburg
per 30.06.53   BD Hamburg
nach Ausmusterung per 08.05.56 Werklok in AW, lt. BD-Listen nachgewiesen im AW Opladen 7/62, 5/64, 12/64, 1/65
Ende 1967 verkauft an VGH V 36 003
V 36 003
1/51   Bremen-Vegesack
per 30.06.53   BD Hannover
nach Ausmusterung per 08.05.56 Werklok in AW, lt. BD-Listen nachgewiesen im AW Witten im Aug. 57, im AW Jülich im Okt. 62
1964 zerlegt
V 36 101 – 236 101–2
31.12.45–17.08.47 Nürnberg Hbf
21.08.47–15.09.49 Frankfurt (M) 2
16.09.49–06.10.49 Passau
07.10.49–13.10.50 Stuttgart Hbf
09.03.51–17.09.57 Mannheim Rbf
18.09.57–23.09.57 Heidelberg
24.09.57–11.02.59 Heilbronn
12.02.59–25.11.59 Aalen
26.11.59–29.12.59 Stuttgart
30.12.59–27.08.62 Aalen
28.08.62–29.12.64 AW Esslingen (WL)
30.12.64–30.09.77 AW Schwetzingen (WL)
V 36 102 – 236 102–0
09.11.45–09.04.63 Nürnberg Hbf
10.04.63–31.03.69 Ansbach
01.04.69–01.07.75 Nürnberg Rbf
02.01.75–01.07.80 Stuttgart
06.80 verkauft an Fa. Schwenk, Ulm
V 36 103
lt. BZA München (01.51) Eigentum der Brit. Besatzungsmacht. Erscheint in späteren Listen nicht mehr.
V 36 104 – 236 104–6
04.45–05.12.45 Remscheid-Lennep
06.12.45–12.05.46 Wuppertal-Elberfeld
13.05.46–03.10.47 RAW Opladen (WL)
04.10.47–13.02.48 Wuppertal-Steinbeck
14.02.48–20.08.48 Frankfurt (M) 1
21.08.48–04.07.50 Wuppertal-Steinbeck
05.07.50–31.05.59 Bww München Hbf
01.06.59–31.08.75 München Hbf
V 36 105 – 236 105–3
01.06.45–10.06.48 Kassel
 –06.06.50 Frankfurt (M) 1
21.11.50–04.10.54 München Hbf
05.10.54–13.10.60 Bww Kassel
15.10.60–24.08.64 Fulda

25.08.64–14.06.67 Kassel
15.06.67–22.10.76 Fulda
V 36 106 – 236 106–1
01.05.46–10.01.48 Gießen
11.01.48–08.01.50 Frankfurt (M) 1
31.10.50–01.08.55 Nürnberg Hbf
02.08.55–01.09.55 Bamberg
02.09.55–20.09.55 Nürnberg Hbf
21.09.55–09.04.56 Neuenmarkt-Wirsberg
10.04.56–11.06.56 Bamberg
12.06.56–10.09.56 Nürnberg Hbf
11.09.56–12.10.56 Bamberg
13.10.56–23.06.61 Nürnberg Hbf
24.06.61–19.03.63 Bamberg
20.03.63–31.03.69 Ansbach
01.04.69–01.01.75 Nürnberg Rbf
02.01.75–03.02.77 Stuttgart
(and. Quelle: 03.61 Bw Aalen)
V 36 107 – 236 107–9
23.10.45–16.08.48 Hamburg-Harburg
17.08.48–24.11.49 MaK (PAW-Überholung)
25.11.49–26.11.49 Lübeck
Anf. 1950   Lübeck
18.08.50–30.05.51 Stuttgart
31.05.51–01.02.54 Mannheim
02.02.54–15.07.54 Fulda
16.07.54–21.02.63 Kassel
22.02.63–01.12.63 Fulda
02.12.63–03.03.64 Kassel
04.03.64–18.08.64 Fulda
01.09.64–29.05.65 Kassel
30.05.65–23.08.66 Fulda
24.08.66–21.11.66 Kassel
22.11.66–05.08.77 Fulda
V 36 108 – 236 108–7
14.07.46–14.07.51 Nürnberg Hbf
15.07.51–15.11.55 München Hbf
16.11.55–22.05.56 Stuttgart
23.05.56–11.03.57 Kornwestheim
12.03.57–23.01.59 Heilbronn
24.01.59–31.07.70 Aalen
01.08.70–11.12.70 Frankfurt (M) 1
12.12.70–31.12.70 Darmstadt
01.01.71–12.01.78 Mannheim
DB-Museumslok
V 36 109 – 236 109–5
20.08.48–10.01.50 Frankfurt (M) 1
02.03.50–15.09.50 Nürnberg Rbf
16.09.50–04.06.51 Nürnberg Hbf
05.06.51–22.08.51 Gemünden
23.08.51–20.02.62 Nürnberg Hbf
07.04.62–31.07.67 AW Neuaubing (WL)
01.08.67–26.08.75 München Hbf
27.08.75–19.01.78 Hannover
20.01.78–30.04.79 Altenbeken
V 36 110 – 236 110–3
09.12.45–31.07.50 Kassel
01.08.50–31.05.59 Bww München Hbf
01.06.59–30.11.74 München Hbf
01.12.74–31.10.76 Stuttgart
V 36 111 – 236 111–1
 –07.07.48 Soltau
08.07.48–01.06.49 MaK (PAW-Überholung)

02.06.49–13.10.49 Bremen Hbf
14.10.49–17.10.50 Hannover Hgbf
18.10.50–25.11.50 Bamberg
26.11.50–14.08.51 Mannheim Rbf
15.08.51–29.09.51 Nürnberg Hbf
17.11.51–05.01.54 Bamberg
06.01.54–09.04.54 Gemünden
10.04.54–04.07.54 Nürnberg Hbf
05.07.54–31.07.54 Bamberg
01.08.54–14.08.54 Nürnberg Hbf
15.08.54–25.09.54 Bamberg
26.09.54–07.04.57 Nürnberg Hbf
08.04.57–01.06.57 Bamberg
02.06.57–22.05.62 Nürnberg Hbf
12.07.62–17.11.67 AW Weiden (WL)
18.11.67–27.05.68 München Hbf
28.05.68–22.05.70 Aalen
23.05.70–29.12.70 Frankfurt (M) 1
01.01.71–06.08.73 Mannheim
V 36 112 – 236 112–9
08.02.50–05.05.50 Frankfurt (M)-Griesheim
06.05.50–15.12.50 Fulda
16.12.50–22.02.51 Gemünden
01.06.51–11.09.66 Bamberg
01.11.51–11.09.66 Ansbach
12.09.66–01.01.75 Nürnberg Rbf
02.01.75–31.05.76 Hannover
V 36 113 – 236 113–7
17.07.45–14.04.47 Kiel
18.04.47–14.06.47 Hamburg-Harburg
19.04.47–05.05.50 Frankfurt (M) 1
06.05.50–28.09.50 Fulda
29.09.50–28.07.54 Gemünden
31.08.54–12.03.62 Kassel
24.07.62–27.08.62 AW Esslingen (WL)
28.08.62–11.05.70 Aalen
12.05.70–29.06.76 Frankfurt (M) 1
möglicherweise in 07.62 Bw Stuttgart
V 36 114 – 236 114–5
 1947–   1948 RAW Nürnberg
01.08.48–19.05.50 Frankfurt (M) 1
20.05.50–05.05.51 Darmstadt
12.09.51–08.08.54 Gemünden
09.08.54–26.10.54 Nürnberg Hbf
27.10.54–13.01.64 Bww Kassel
14.01.64–24.05.68 Fulda
25.05.68–28.09.68 Kassel
29.09.68–05.01.69 Fulda
06.01.69–08.11.77 Kassel
11.77 verkauft an BOE V 282
V 36 115 – 236 115–2
14.09.45–15.10.50 Hamburg-Harburg
16.10.50–20.05.51 Passau
10.08.51–31.05.59 Bww München Hbf
01.06.59–19.09.77 München Hbf
20.09.77–23.09.79 Hannover
V 36 116
07.11.45–24.10.50 Nürnberg Hbf
25.10.50–06.11.50 Bamberg
07.11.50–20.11.50 Nürnberg Hbf
22.11.50–11.04.51 Stuttgart
12.04.51–31.05.51 Mannheim Rbf
01.06.61–16.12.53 Bamberg

17.12.53 – 03.02.54 Nürnberg Hbf
04.02.54 – 25.05.62 Bamberg
26.05.62 – 18.06.63 Aalen
07.63 verkauft an VGH V 36 001
V 36 117 – 236 117 – 8
01.03.48 – 08.11.51 Stuttgart
09.11.51 – 04.04.54 Mannheim Rbf
05.04.54 – 07.03.64 Bww Kassel
08.03.64 – 26.08.65 Fulda
27.08.65 – 17.06.72 Kassel
18.06.72 – 09.01.77 Fulda
V 36 118 – 236 118 – 6
04.10.48 – 08.07.50 Frankfurt (M) 1
09.07.50 – 26.10.50 Darmstadt
27.10.50 – 21.02.51 Plattling
22.02.51 – 27.03.51 Passau
anschl. AW-Aufenthalt
27.04.51 – 16.07.51 Plattling
17.07.51 – 11.11.58 Bww München Hbf
28.11.58 – 24.01.77 München Hbf
25.01.77 – 15.09.77 Hannover
V 36 119 – 236 119 – 4
27.09.47 – 13.12.52 Bww München Hbf
14.12.52 – 19.05.64 Freilassing
20.05.64 – 30.09.77 München Hbf
01.10.77 – 30.09.78 AW Schwetzingen (WL)
01.10.78 – 28.12.78 AW Krefeld-Oppum (WL)
29.12.78 – 09.10.80 Krefeld
10.80 verkauft an Zementwerk Karl Schwenk, Mergelstetten
V 36 120 – 236 120 – 2
27.07.48 – 15.01.49 RAW Nürnberg Rbf
                    (Überholung)
16.01.49 – 11.05.50 Frankfurt (M) 1
12.05.50 – 28.08.50 Darmstadt
09.11.50 – 17.05.51 Passau
21.08.51 – 21.02.52 Bww München Hbf
28.02.52 – 29.06.52 Garmisch
30.06.52 – 23.03.53 Bww München Hbf
24.03.53 – 31.03.53 Rosenheim
01.04.53 – 30.06.53 Freilassing
01.07.53 – 31.07.56 Rosenheim
01.08.56 – 19.05.64 Freilassing
20.05.64 – 30.11.74 München Hbf
01.12.74 – 04.01.76 Stuttgart
V 36 121 – 236 121 – 0
05.45 – 05.08.48 Lüneburg
06.08.48 – 28.12.49 MAN (PAW-Überholung)
29.12.49 – 02.06.57 Mannheim Rbf
03.06.57 – 17.07.59 Heidelberg
18.07.59 – 20.10.75 Mannheim
21.10.75 – 25.01.76 Hannover
26.01.76 – 29.05.76 Bremen Rbf
30.05.76 – 27.06.76 Bremerhaven
28.06.76 – 31.12.77 Holzminden
01.01.78 – 28.06.78 Altenbeken
V 36 122 – 236 122 – 8
22.02.46 – 02.08.49 EAW Friedrichshafen
                    (WL)
03.08.49 – 18.11.50 Friedrichshafen
19.11.50 – 03.10.51 Offenburg
04.10.51 – 19.01.55 Garmisch
20.01.55 – 26.01.55 Bww München Hbf

22.04.55 – 14.01.57 Mühldorf
15.01.57 – 31.08.57 Rosenheim
01.09.57 – 12.11.57 Freilassing
13.11.57 – 09.03.60 Rosenheim
10.03.60 – 12.12.72 München Hbf
13.12.72 – 09.09.76 Stuttgart
V 36 123 – 236 123 – 6
02.02.50 – 30.09.50 Wuppertal-Steinbeck
01.01.51 – 16.07.51 Regensburg
17.07.51 – 09.01.54 Bww München Hbf
22.02.54 – 11.10.56 Rosenheim
12.10.56 – 22.05.59 Freilassing
12.61 ebenfalls Freilassing
27.01.62 – 26.05.63 München Hbf
27.05.63 – 27.07.63 Ingolstadt
28.07.63 – 12.12.72 München Hbf
13.12.72 – 13.12.77 Stuttgart
DB-Museumslok
V 36 124 – 236 124 – 4
01.06.45 – 10.02.48 Hagen-Eckesey
11.02.45 – 26.07.48 Wuppertal-Steinbeck
19.08.48 – 17.07.49 Rheydt
27.01.50 – 05.07.50 Wuppertal-Steinbeck
21.10.50 – 16.07.51 Regensburg
17.07.51 – 06.10.53 München Hbf
07.10.53 – 15.10.54 Rosenheim
16.10.54 – 14.01.57 Mühldorf
15.01.57 – 03.10.59 Rosenheim
04.10.59 – 27.05.70 Aalen
28.05.70 – 14.12.78 Frankfurt (M) 1
V 36 125 – 236 125 – 1
17.06.50 – 24.03.52 Mannheim Rbf
01.05.53 – 17.02.57 Mannheim
18.02.57 – 23.09.57 Heidelberg
24.09.57 – 04.11.57 Mannheim
05.11.57 – 18.03.58 Heidelberg
19.03.58 – 27.03.58 Mannheim
28.03.58 – 04.05.58 Heidelberg
05.05.58 – 12.09.76 Mannheim
V 36 126 – 236 126 – 9
07.10.49 – 31.12.49 13. EADCU Lehrte
01.01.50 –   3. ARW Lehrte
03.03.51 – 02.01.53 Braunschweig Hbf
20.02.53 – 07.07.60 Karlsruhe Hbf
12.08.60 – 28.06.62 Karlsruhe
29.06.62 – 25.09.62 AW Schwetzingen (WL)
19.08.63 – 30.08.65 AW Saarbrücken-
                    Burbach (WL)
29.10.65 – 15.01.70 AW Hamburg-Harburg
                    (WL)
16.01.70 – 01.01.75 Nürnberg Rbf
02.01.75 – 07.07.75 Hannover
V 36 150 – 236 150 – 9
17.12.47 – 03.04.50 Hamburg-Harburg
04.04.50 – 11.07.50 Heiligenhafen
17.07.50 – 19.03.51 Mannheim Rbf
30.06.51 – 21.05.54 Stuttgart Hbf
22.05.54 – 17.09.62 Bww Kassel
26.10.62 – 01.12.63 Fulda
02.12.63 – 14.01.64 Bww Kassel
15.01.64 – 07.03.64 Kassel
08.03.64 – 24.08.64 Fulda
25.08.64 – 29.05.65 Kassel

30.05.65 – 20.07.72 Fulda
21.07.72 – 14.11.72 Mannheim
15.11.72 – 27.01.77 Fulda
V 36 151 – V 36 154 wurden als solche bestellt, aber noch vor Auslieferung in V 36 251 ff umbezeichnet, da sie statt der vorgesehenen MWM-Motoren Deutz-Diesel bekommen hatten.
V 36 201 – 236 201 – 0
   45 – 28.12.50 Mannheim Rbf
30.12.50 – 16.01.62 Husum
20.03.62 – 23.10.65 AW Göttingen (WL)
26.10.65 – 05.04.67 Bremerhaven-Lehe
17.05.67 – 22.02.72 Bremerhaven
23.02.72 – 16.01.77 Holzminden
17.01.77 – 26.01.77 Hannover
27.01.77 – 31.01.77 Bremen Rbf
V 36 202 – 236 202 – 8
05.45 – 25.09.50 Fürth
26.09.50 – 12.09.50 Mannheim Rbf
18.11.50 – 23.05.54 Husum
24.05.54 – 14.08.60 Flensburg
15.08.60 – 14.02.62 Heiligenhafen
16.03.62 – 31.01.64 Puttgarden
01.02.64 – 28.09.68 Hamburg-Harburg
29.09.68 – 29.09.73 Husum
30.09.73 – 28.11.73 Hagen-Eckesey
29.11.73 – 31.05.76 Wuppertal
V 36 203 – 236 203 – 6
10.05.49 – 30.09.55 Bremen-Vegesack
01.10.55 – 07.11.65 Delmenhorst
08.11.65 – 31.03.66 Wolff & Co, Bomlitz
01.04.66 – 28.09.68 Delmenhorst
29.09.68 – 31.05.69 Bremerhaven
01.06.69 – 31.12.69 Delmenhorst
01.01.70 – 07.09.73 Holzminden
08.09.73 – 23.02.76 Hannover
V 36 204 – 236 204 – 4
      – 02.09.55 Bremen-Vegesack
06.10.55 – 04.09.58 Delmenhorst
05.09.58 – 27.08.60 Bremerhaven-Lehe
28.08.60 – 29.09.60 Wuppertal-Steinbeck
30.09.60 – 18.11.66 Finnentrop
19.11.66 – 28.01.71 Wuppertal-Steinbeck
01.03.71 – 27.05.78 Wuppertal
28.05.78 – 08.06.78 Hannover
verkauft an DGEG Dahlhausen
V 36 205 – 236 205 – 1
   45 – 29.03.50 Nürnberg Hbf
01.10.50 – 20.06.61 Wuppertal-Steinbeck
21.06.61 – 31.03.62 Finnentrop
01.04.62 – 31.12.70 AW Oldenburg (WL)
01.01.71 – 04.04.79 WAbt Oldenburg (WL)
V 36 206 – 236 206 – 9
26.02.49 – 16.07.50 Frankfurt (M) 1
01.11.50 – 21.05.55 Bremen-Vegesack
22.05.55 – 22.09.60 Bremerhaven-Lehe
23.09.60 – 29.09.60 Wuppertal-Steinbeck
30.09.60 – 30.11.62 Finnentrop
01.12.62 – 28.02.71 Wuppertal-Steinbeck
01.03.71 – 25.07.77 Wuppertal
V 36 207 – 236 207 – 7
19.06.46 – 02.07.50 Bamberg
08.10.50 – 30.09.51 Hannover Hgbf

Oben: Die Kasseler V 36 107 war in den fünfziger Jahren wie viele andere Kasseler Loks auf Nebenstrecken im Güter- und Personenzugdienst unterwegs (Hümme, Juli 1958).

Mitte: Kurz vor Ende ihrer aktiven Dienstzeit bei der Bundesbahn rangierte die 236 117−8 1976 im heimatlichen Fulda.

236 204−4 rangiert in Wuppertal-Steinbeck (2. Oktober 1971).

01.10.51–14.07.52 Hannover-Linden
15.07.52–21.06.55 Bremen Hbf
20.07.55–30.09.62 Delmenhorst
01.10.61–01.08.73 AW Darmstadt (WL)
V 36 208 – 236 208–5
18.01.48–04.05.48 Hagen-Eckesey
05.05.48–25.03.56 Wuppertal-Steinbeck
26.03.56–26.10.56 Rheydt
27.10.56–23.09.60 Wuppertal-Steinbeck
24.09.60–22.05.68 Bremerhaven-Lehe
23.05.68–17.02.69 Braunschweig 1
18.02.69–31.01.74 Holzminden
V 36 209 – 236 209–3
    1950 Frankfurt (M) 1
18.10.50–22.08.60 Wuppertal-Steinbeck
23.08.60–31.08.66 Bremerhaven-Lehe
01.10.66–10.11.74 Bremerhaven
11.11.74–24.01.75 Holzminden
25.01.75–31.05.75 Hannover
V 36 210 – 236 210–1
16.06.48–13.06.50 Frankfurt (M) 1
16.09.50–05.08.50 Wuppertal-Steinbeck
06.08.50–23.06.66 Frankfurt (M)-Griesheim
24.06.66–18.07.66 Hanau
19.07.66–25.06.67 Frankfurt (M) 1
26.06.67–05.07.67 Gießen
18.07.67–15.11.69 Frankfurt (M) 1
16.11.69–30.04.75 AW Stuttgart-
        Bad Cannstatt (WL)
V36 211
09/50   Bremen-Vegesack
1/51   Bremen-Vegesack
09/51   Bremen Hbf
per 30.06.53   BD Hannover
vor 1954 ausgemustert
V 36 212 – 236 212–7
24.08.46–24.02.48 RAW Opladen
25.02.48–21.08.50 Frankfurt (M) 1
22.08.50–16.10.50 Darmstadt
17.10.50–29.01.51 Hamburg-Harburg
30.01.51–16.02.53 Heiligenhafen
17.02.53–01.06.55 Lübeck
05.07.55–08.08.56 Heiligenhafen
09.08.56–07.02.57 Hamburg-Harburg
08.02.57–31.08.59 Dortmund Bbf
01.09.59–31.01.71 Oldenburg
01.02.71–10.11.74 Emden
11.11.74–18.02.77 Hannover
19.02.77–05.03.77 Bremen Rbf
06.03.77–24.03.77 Hannover

V 36 213 – 236 213–5
28.10.51–01.10.63 Heiligenhafen
02.10.63–13.08.65 Hamburg-Harburg
14.08.65–05.12.65 Husum
06.12.65–14.06.66 Hamburg-Harburg
15.06.66–29.09.73 Husum
30.09.73–22.02.79 Kassel
05.79 verkauft an VGH V 36 007

V 36 214 – 236 214–3
20.08.48–22.02.50 Nürnberg Hbf
        –13.07.50 AW Opladen
15.07.50–18.10.50 Bamberg

19.10.50–17.05.52 Lübeck
18.05.52–06.12.53 Heiligenhafen
07.12.53–21.01.54 Lübeck
22.01.54–05.03.63 Heiligenhafen
28.06.63–09.10.63 Puttgarden
10.10.63–10.11.66 Hamburg-Harburg
11.11.66–18.11.66 Wuppertal-Steinbeck
19.11.66–07.06.75 Finnentrop
08.06.75–23.12.76 Braunschweig
24.12.76–19.01.77 Hannover
V 36 215 – 236 215–0
    03.46–18.03.54 Bremen Hbf
16.04.54–02.06.57 Delmenhorst
03.06.57–31.03.77 Holzminden
V 36 216 – 236 216–8
30.10.46–26.10.49 Bremen Hbf
01.11.49–01.10.55 Bremen-Vegesack
02.10.55–09.02.63 Delmenhorst
10.02.63–07.05.65 Hannover-Linden
08.05.65–07.02.66 Hannover
08.02.66–27.02.67 Bielefeld
28.02.67–16.11.69 Hannover
17.11.69–07.03.70 Bielefeld
08.03.70–30.04.70 Hannover
01.05.70–15.12.70 Bielefeld
16.12.70–13.02.77 Hannover
V 36 217 – 236 217–6
01.10.45–10.05.48 Kassel
11.05.48–04.05.50 Frankfurt (M) 1
05.05.50–19.10.50 Darmstadt
27.10.51–04.04.56 Bremen-Vegesack
05.04.56–02.06.57 Delmenhorst
03.06.57–30.11.57 Holzminden
01.12.57–05.05.66 Bielefeld
09.07.66–25.05.67 Göttingen
26.05.67–07.03.70 Hannover
08.03.70–31.10.73 Delmenhorst
01.11.73–23.02.76 Bremen Rbf,
        Ast Delmenhorst
V 36 218 – 236 218–4
15.09.45–17.10.50 Bww Kassel Hbf
18.10.50–21.05.55 Bremen Hbf,
        Gruppe Vegesack
22.05.55–04.05.56 Bremerhaven-Lehe
05.05.56–30.05.56 Delmenhorst
31.05.56–25.08.56 Bremerhaven-Lehe
26.08.56–25.09.56 Hannover-Linden
26.09.56–28.08.58 Bremerhaven-Lehe
27.09.58–24.04.59 Delmenhorst
25.04.59–26.06.59 Bremerhaven-Lehe
27.06.59–28.07.68 Delmenhorst
09.08.68–29.05.70 Bremerhaven
30.05.70–31.12.77 Holzminden
01.01.78–08.02.78 Altenbeken
V 36 219 – 236 219–2
21.07.47–03.04.50 Hamburg-Harburg
26.11.50–03.04.63 Heiligenhafen
15.05.63–02.10.63 Puttgarden
03.10.63–25.09.65 Hamburg-Harburg
26.09.65–30.10.73 Husum
31.10.73–06.03.77 Oldenburg
07.03.77–16.02.78 Bremen Rbf
V 36 220 – 236 220–0

02.02.47–29.07.48 Bocholt
30.07.48–23.07.50 Frankfurt (M) 1
26.11.50–26.02.52 Lübeck
11.05.52–22.04.54 Husum
21.05.54–19.10.57 Flensburg
20.10.57–17.03.61 Husum
28.03.61–21.04.63 Flensburg
29.05.63–07.05.74 AW Neumünster (WL)
08.05.74–01.11.77 Hamburg-Harburg
V 36 221 – 236 221–8
23.10.45–09.03.49 Hamburg-Harburg
        –20.07.49 AW Opladen
                (Überholung)
23.07.49–11.06.52 Lübeck
12.06.52–05.04.54 Heiligenhafen
06.04.54–26.05.55 Lübeck
27.05.55–28.09.63 Heiligenhafen
29.09.63–10.11.66 Hamburg-Harburg
11.11.66–18.11.66 Wuppertal-Steinbeck
19.11.66–07.06.75 Finnentrop
08.06.75–14.11.76 Braunschweig
15.11.76–05.01.77 Bremen Rbf
V 36 222 – 236 222–6
19.12.47–10.01.49 Bremen Hbf
09.09.49–16.05.55 Bremen-Vegesack
17.05.55–10.01.61 Bremerhaven-Lehe
11.01.61–10.06.65 Hannover-Linden
23.07.65–31.05.76 Hannover
11.76 verkauft an VGH V 36 004
V 36 223 – 236 223–4
16.09.45–03.04.50 Hamburg-Harburg
04.04.50–02.07.53 Heiligenhafen
03.07.53–20.12.53 Husum
04.06.54–26.04.64 Flensburg
15.05.64–13.08.65 Husum
14.08.65–12.10.66 Hamburg-Harburg
13.10.66–07.06.67 Neumünster
08.06.67–19.09.67 Hamburg-Harburg
20.09.67–08.10.73 Husum
09.10.73–21.03.75 Finnentrop
V 36 224
wenn diese Lok existiert hat, dann ist sie vor
12.52 ausgeschieden; im Verzeichnis 1951
nicht enthalten
V 36 225 – 236 225–9
27.06.46–12.11.47 Gießen
13.11.47–21.02.49 Wiesbaden
22.02.49–07.06.50 Frankfurt (M) 1
08.06.50–21.05.54 Wuppertal-Steinbeck
22.05.54–11.10.54 Hagen-Eckesey
12.10.54–12.08.60 Wuppertal-Steinbeck
13.08.60–05.08.68 Frankfurt (M)-Griesheim
06.08.68–18.10.69 Frankfurt (M) 1
19.10.69–12.07.70 Wuppertal-Steinbeck
13.07.70–26.09.70 Finnentrop
27.09.70–28.02.71 Wuppertal-Steinbeck
01.03.71–27.05.78 Wuppertal
28.05.78–20.06.78 Hannover
1978 verkauft an Verein Braunschw. Verkehrsfreunde VBV, BLME 12
V 36 226 – 236 226–7
10.05.48–07.06.50 Frankfurt (M) 1
08.06.50–10.08.60 Wuppertal-Steinbeck

V 36 220, von 1963 bis 1974 Werklok im AW Neumünster, pausiert am 17. Juni 1966 im Bw Neumünster.

11.08.60 – 28.02.68 Frankfurt (M)-Griesheim
01.03.68 – 18.10.69 Frankfurt (M) 1
19.10.69 – 12.07.70 Wuppertal-Steinbeck
13.07.70 – 05.08.73 Finnentrop
V 36 227
     –   07.48 ED Stuttgart
07.48 –   ED Frankfurt (M)
            1950 Bw Frankfurt (M) 1
1950 ausgemustert, verkauft an Industrie-Verwaltungsgesellschaft IVG 5
V 36 228
bei Schadow erwähnt; wenn diese Lok existiert hat, dann muß sie vor 12.52 ausgeschieden sein; im Verzeichnis von 1951 nicht erhalten.
V 36 229 – 236 229 – 1
01.06.45 – 09.01.47 Hagen-Eckesey

10.01.47 – 12.08.60 Wuppertal-Steinbeck
13.08.60 – 04.03.68 Frankfurt (M)-Griesheim
13.03.68 – 17.10.69 Frankfurt (M) 1
18.10.69 – 12.01.70 Nürnberg Rbf
13.10.70 – 06.05.76 AW Hamburg-Harburg
                    (WL)
V 36 230 – 236 230 – 9
16.09.48 – 26.05.50 Frankfurt (M) 1
27.05.50 – 09.11.50 Darmstadt
03.03.51 – 28.02.71 Wuppertal-Steinbeck
01.03.71 – 21.01.77 Wuppertal
V 36 231 – 236 231 – 7
01.12.48 – 04.07.50 München Hbf
05.07.50 – 22.08.51 Wuppertal-Steinbeck
11.10.51 – 21.05.54 Wuppertal-Steinbeck
22.05.54 – 05.10.54 Hagen-Eckesey

06.10.54 – 28.02.71 Wuppertal-Steinbeck
01.03.71 – 30.04.77 Wuppertal
verkauft an DGEG Dahlhausen
V 36 232 – 236 232 – 5
01.05.49 – 01.10.55 Bremen-Vegesack
02.10.55 – 31.03.59 Delmenhorst
01.04.59 – 31.03.65 Hannover-Linden
01.04.65 – 05.06.77 Hannover
V 36 233 – 236 233 – 3
28.06.49 – 30.09.51 Hannover
01.10.51 – 31.03.65 Hannover-Linden
01.04.65 – 22.06.69 Hannover
23.06.69 – 30.11.76 Göttingen
V 36 234 – 236 234 – 1
01.07.49 – 31.03.62 Wuppertal-Steinbeck
01.04.62 – 25.05.66 Finnentrop

Oben: V 36 234 im Bhf Nörde (1958).

Mitte: Die Holzmindener 236 255−6 verläßt den Bahnhof Wehrden in Richtung Scherfede (August 1978).

Unten: Dieses Zugbild der V 36 316 gehört zu den wenigen vorhandenen Aufnahmen von Einsätzen der V 36 bei der DB. Am 15. März 1948 wartet die Lok mit einem Zug im Bahnhof der privaten Kiel-Schönberger Eisenbahn auf das Zeichen zur Abfahrt in Richtung Kiel-Süd.

26.05.66−12.07.70 Wuppertal-Steinbeck
13.07.70−31.05.75 Finnentrop
01.06.75−23.09.77 Wuppertal
V 36 235 − 236 235−8
18.08.49−28.02.71 Wuppertal-Steinbeck
01.03.71−30.01.74 Wuppertal
V 36 236 − 236 236−6
11.09.46−25.06.49 Kiel
26.06.49−11.07.49 Rendsburg
13.07.49−04.06.52 Lübeck
05.06.52−24.10.53 Heiligenhafen
25.10.53−07.06.57 Lübeck
08.07.57−28.02.63 Heiligenhafen
26.03.63−12.09.63 Puttgarden
13.09.63−24.05.67 Hamburg-Harburg
25.05.67−28.01.71 Wuppertal-Steinbeck
01.03.71−05.08.77 Wuppertal
V 36 237 − 236 237−4
         −27.03.49 Kiel
06.08.49−01.10.55 Bremen-Vegesack
02.10.55−28.09.59 Delmenhorst
29.09.59−07.06.76 Oldenburg Hbf
08.06.76−31.12.77 Holzminden
01.01.78−08.02.78 Altenbeken
03.78 verkauft an VGH V 36 005

V 36 238 − 236 238−2
01.02.52−23.05.65 Wuppertal-Steinbeck
23.10.65−07.06.75 Finnentrop
08.06.75−03.10.76 Braunschweig
04.10.76−29.08.77 Hannover
V 36 239
Umbau aus V 36 001
als V 36 001
         −05.48 ED Frankfurt (M)
05.48− 07.50 Bw Stuttgart
07.50−   ED Hamburg
        01.51 Bw Heiligenhafen
03.52   EAW Opladen
              (Überholung)
als V 36 239
spätestens ab 10.57 Bw Husum (Stichtage
              10/57, 05/58, 10/59, 05/
              60, 05/61, 05/62 dort geführt)
         −05.62 Bw Husum
05.62 verkauft an BOE V 278
V 36 251 − 236 251−5
21.04.48−13.09.50 Frankfurt (M) 1
14.09.50−30.09.51 Darmstadt
01.10.51−31.12.52 Offenburg
01.01.53−25.03.53 Karlsruhe Hbf
26.03.53−03.04.53 Konstanz
20.04.62−27.06.62 Karlsruhe
28.06.62−19.09.73 AW Offenburg (WL)
20.09.73−30.06.74 AW Witten (WL)
nach zwischenzeitlicher Z-Stellung
31.01.75−21.02.75 AW Witten (WL)
V 36 252 − 236 252−3
14.01.48−27.09.50 München Hbf
01.12.50−22.12.50 Bremen Hbf
23.12.50−11.04.52 Hannover Hgbf
12.04.52−09.10.55 Bremen-Vegesack

09.11.55−12.08.57 Delmenhorst
13.08.57−30.08.57 Bremerhaven-Lehe
31.08.57−16.06.67 Delmenhorst
17.06.67−30.09.73 Bielefeld
01.10.73−29.05.76 Emden
30.05.76−06.12.76 Rheine
V 36 253 − 236 253−1
15.01.48−06.12.50 München Hbf
07.12.50−30.09.51 Darmstadt
01.10.51−31.12.52 Offenburg
01.01.53−02.03.53 Karlsruhe Hbf
03.03.53−15.06.56 Hannover-Linden
16.06.56−30.11.57 Bielefeld
01.12.57−07.06.60 Holzminden
08.06.60−03.08.66 Hannover-Linden
31.08.66−04.02.78 Hannover
05.02.78−08.04.79 Altenbeken
09.04.79−28.06.81 Awst Oldenburg (WL)
V 36 254
lt. BD-Listen vorhanden
05.48 + 01.50   Frankfurt (M) 1
01.51   Darmstadt Hbf
12.52   Wiesbaden
per 30.06.53   BD Frankfurt (M)
05.58 + 06.59 +
06.61 + 07.62   Gerolstein
(nach anderen Quellen:
09.57   Trier
12.58   Hanau
01.61 bis 1962 Jünkerath)
12.63 verkauft an Schamotte- und Tonwerke Ponholz
V 36 255 − 236 255−6
01.09.48−04.10.49 München Hbf
05.10.49−18.12.50 Stuttgart
07.04.51−08.12.52 Darmstadt
09.12.52−06.04.53 Wiesbaden
14.06.53−31.07.53 Trier
01.08.53−13.09.53 Wiesbaden
14.09.53−26.10.53 Kirn
27.10.53−03.11.53 Wiesbaden
27.11.53−30.06.54 Trier
01.07.54−14.06.55 Gerolstein
26.01.56−29.03.56 Mainz
30.03.56−28.05.57 Gerolstein
29.05.57−02.07.57 Trier
03.07.57−16.07.57 Kaiserslautern
17.07.57−02.11.59 Trier
03.11.59−20.12.73 Ludwigshafen
21.12.73−24.11.76 Mannheim
25.11.76−28.06.77 AW Duisburg-Wedau (WL)
29.06.77−29.12.77 AW Köln-Nippes (WL)
30.12.77−31.12.77 Holzminden
01.01.78−31.03.81 Altenbeken
V 36 256 − 236 256−4
01.09.48−28.09.55 Wuppertal-Steinbeck
29.09.55−24.09.60 Bestwig
25.09.60−25.05.63 Finnentrop
26.05.63−28.02.71 Wuppertal-Steinbeck
01.03.71−30.06.77 Wuppertal
V 36 257 − 236 257−2
21.10.48−06.12.50 Bamberg

17.03.50−08.11.55 Wuppertal-Steinbeck
09.11.55−28.09.60 Bestwig
29.09.60−07.06.75 Finnentrop
08.06.75−19.12.76 Braunschweig
V 26 258 − 236 258−0
30.10.48−12.05.49 Bamberg
13.05.49−08.05.55 Bremen-Vegesack
09.05.55−31.08.72 Delmenhorst
01.09.72−30.04.73 Hannover
(and. Quelle: 04.61 Brhv.-Lehe)
V 36 259 − 236 259−8
19.10.48−27.12.48 München Hbf
28.12.48−30.04.49 Hamburg-Harburg
01.05.49−01.10.55 Bremen-Vegesack
02.10.55−04.03.65 Delmenhorst
05.03.65−20.09.66 Bremerhaven-Lehe
21.09.66−20.06.76 Bremerhaven
21.06.76−20.10.76 Bremen Rbf
V 36 260 − 236 260−6
24.11.48−30.09.50 Frankfurt (M) 1
01.10.50−   53 Darmstadt
         53−07.03.54 Kirn
08.03.54−11.10.54 Darmstadt
12.10.54−27.10.54 Gerolstein
28.10.54−   Darmstadt
         −03.03.58 Kaiserslautern
04.03.58−13.01.59 Mainz
14.01.59−22.12.73 Ludwigshafen
23.12.73−17.01.76 Mannheim
18.01.76−13.12.77 Stuttgart
V 36 261 − 236 261−4
25.11.48−30.09.50 Frankfurt (M) 1
01.10.50−08.01.55 Darmstadt
09.01.55−24.05.55 Kirn
25.05.55−08.06.55 Gerolstein
09.06.55−29.07.55 Kaiserslautern
30.07.55−15.04.58 Trier
06.05.58−   61 Gerolstein
         61−26.09.64 Jünkerath
27.09.64−23.06.65 Trier
24.06.65−22.09.66 Aalen
23.09.66−02.12.66 Darmstadt
03.12.66−25.12.66 Frankfurt (M)-Griesheim
26.01.67−06.01.73 Aalen
07.01.73−22.03.78 Stuttgart
V 36 262 − 236 262−2
29.12.48−30.09.50 Frankfurt (M) 1
01.10.50−   Darmstadt
         −29.12.52 Frankfurt (M)-Griesheim
30.12.52−06.01.54 Trier
07.01.54−16.01.59 Mainz
17.01.59−02.11.59 Ludwigshafen
03.11.59−31.01.62 Gerolstein
01.02.62−24.06.65 Trier
25.06.65−06.01.73 Aalen
07.01.73−20.02.75 Stuttgart
21.02.75−25.06.79 AW Stuttgart-
                  Bad Cannstatt (WL)
26.06.79−13.11.79 Stuttgart
02.81 verkauft an Papierfabrik Scheufelen, Lenningen 1[II]
V 36 301
von dieser Lok − wie von anderen Loks der

Baureihe V 36³ – gibt es keinen lückenlosen Nachweis des Einsatzes bei der DB, sondern nur einige Daten aus BD-Listen:
1. Bw Fulda?
6/50 Bw Frankfurt (M) 1?
1/51 Bww Kassel
per 30.06.53 BD Kassel
Ausmusterung 04.54 und Umbau in Tfz Han 9679 = 2. Tfz für Schienenschleifzug
1961 Verkauf an Mindener Kreisbahn, dort 01.01.63 als V 11 in Dienst und per 08.05.75 ausgemustert

V 36 310
07.07.47–07.02.48 PAW Kiel (Überholung)
08.02.48–31.01.50 Bremen Hbf
 (Grp. Vegesack)
01.02.50–21.11.50 AW Nürnberg Rbf
 (Überholung)
22.11.50–06.09.52 Bww Kassel
21.12.53–14.09.55 Bremen-Vegesack
07.10.55–26.06.56 Delmenhorst
24.08.56–02.08.59 Bww Hannover
11.08.59– Bww Hannover
spätestens seit 08.54, möglicherweise auch seit 12.53, Einsatz im Schienenschleifzug 1, zunächst als „Geräte-Lok 80 580", dann als „9678 Han". 1962 Verkauf an Westfälische Landes-Eisenbahn VL 0608, dort 1974 verschrottet

V 36 311
1950 Bw Gemünden
1/51 Bw Fulda
per 30.06.53 BD Kassel
per 31.05.55 Ausmusterung bei der DB und noch 08.54 Verkauf an Mindener Kreisbahn, dort 1956 als V 9 in Dienst, 1980 umbezeichnet in V 5^II, 1983 verkauft an BLME

V 36 312
6/50 Bww Kassel
1/51 Bw Fulda
per 30.06.53 BD Kassel
Ausmusterung per 13.08.54 und noch 08.54 Verkauf an Mindener Kreisbahn, dort 12.55 in Dienst als V 7 und per 08.10.77 ausgemustert

V 36 313
1/51 Bww Kassel
per 30.06.53 BD Kassel
Ausmusterung bei der DB per 07.12.53

V 36 314
 1. Bw Kiel
 2. Bw Lübeck
 3. Bww Kassel
ab 07/50 Bww Kassel?
bis 07/53 Bww Kassel?
Ausmusterung bei DB per 06.09.54 und noch 09.54 Verkauf an Mindener Kreisbahn, dort 1956 als V 8 in Dienst bis zur Ausmusterung per 04.01.77, 30.01.81 Verkauf an Museumseisenbahn Minden MEM

V 36 315
 –28.11.47 Celle
29.11.47–30.06.48 PAW Kiel (Überholung)
01.07.48–04.10.48 Celle

20.11.48–22.06.49 Soltau
05.10.49–16.10.50 Bremen-Vegesack
17.10.50–14.02.54 Bww Kassel
01.06.54–21.07.54 Mbg. Bremen-Vegesack
22.07.54–19.12.54 Bww Kassel
Ab 17.01.55 im Einsatz als Lok 5 bei der Maxhütte in Sulzbach-Rosenberg, dort ab 13.06.56 auf Z, bis 31.10.59. Ab 01.02.60 im AW Lippstadt der Westfälischen Landes-Eisenbahn, dort im Einsatz als VL 0606 ab 30.03.61; am 10.08.71 verschrottet.

V 36 316
3/48 Einsatz auf Kiel-Schönberg
6/50 (?) Bww Kassel
an Rheinarmee, von dort weiter an Peeters Brüssel, engl. Dienststelle in Lüttich
12/60 Verkauf an Mindener Kreisbahn (Anstrich gelb), 1963 in Dienst als V 12, später umbezeichnet in V 4^II, 1980 an Eisenbahnfreunde Paderborn für Almetalbahn, 1984 an Eisenbahnmuseum in Dieringhausen

V 36 317
22.12.49–29.06.51 RAW Nürnberg
 (Überholung)
29.06.51–22.06.54 Fulda
25.07.54–19.12.54 Bww Kassel
Ab 17.01.55 im Einsatz als Lok 6 bei der Maxhütte in Sulzbach-Rosenberg (Lok 6), bis Ende April 1959 im Betrieb, dann abg. bis Ende Oktober 1959. Am 28.01.60 im Aw Lippstadt der Westfälischen Landes-Eisenbahn, dort ab 07.12.60 als VL 0607 in Betrieb. Nach Getriebeschaden am 21.12.67 abg., am 31.12.70 verschrottet.

V 36 318
1/51 Bww Kassel
8/54 Verkauf an Mindener Kreisbahn, dort 1955 als V 6 in Dienst und per 29.11.74 ausgemustert

V 36 401 – 236 401–6
21.03.50–02.10.51 Frankfurt (M) 1
29.11.51–18.07.60 Frankfurt (M)-Griesheim
19.07.60–17.08.60 Hanau
27.08.60–11.02.63 Wiesbaden
12.02.63–23.07.63 Hanau
24.07.63–08.09.63 Wiesbaden
23.10.63–11.11.63 Hanau
12.11.63–13.11.63 Frankfurt (M)-Griesheim
14.11.63–28.11.63 Gießen
29.11.63–24.09.65 Frankfurt (M)-Griesheim
25.09.65–30.05.76 Gießen
31.05.76–22.11.78 Frankfurt (M) 1
11.78 verkauft an Museumsbahn e. V. Darmstadt

V 36 402 – 236 402–4
01.06.50–15.10.51 Frankfurt (M) 1
07.11.51–18.12.54 Frankfurt (M)-Griesheim
19.12.54–02.01.63 Darmstadt
03.01.63–10.05.63 Frankfurt (M)-Griesheim
11.05.63–30.05.76 Gießen
31.05.76–30.11.76 Frankfurt (M) 1

V 36 403 – 236 403–2
29.04.50–01.07.52 Frankfurt (M) 1

22.08.52–20.08.59 Frankfurt (M)-Griesheim
21.08.59–17.09.59 Paderborn
17.10.59–10.08.60 Frankfurt (M)-Griesheim
11.08.60–19.03.62 Darmstadt
20.03.62–25.06.64 Hanau
17.07.64–14.09.67 Frankfurt (M)-Griesheim
während dieser Zeit auch Einsatz AW Ffm-Nied (WL)
15.09.67–25.10.69 Gießen
26.10.69–19.07.74 Frankfurt (M) 1

V 36 404 – 236 404–0
26.04.50–06.07.51 Frankfurt (M) 1
29.09.51–12.08.60 Frankfurt (M)-Griesheim
13.08.60–17.06.62 Wuppertal-Steinbeck
19.07.62–12.10.76 AW Schwetzingen (WL)

V 36 405 – 236 405–7
27.05.50–09.08.60 Frankfurt (M) 1
10.08.60–08.05.62 Darmstadt
09.05.62–19.06.62 Hanau
20.06.62–01.07.63 Darmstadt
27.08.63–31.03.68 AW Kassel (WL)
01.04.68–23.05.68 Kassel
24.05.68–18.10.69 Nürnberg Rbf
19.10.69–13.07.80 Frankfurt (M) 1
14.07.80–06.07.81 Frankfurt (M) 2
verkauft an Hist. Eisenbahn Frankfurt

V 36 406 – 236 406–5
27.05.50–10.06.51 Frankfurt (M) 1
07.10.51–26.05.53 Frankfurt (M)-Griesheim
15.06.53–20.09.66 Darmstadt
21.09.66–26.11.66 Aalen
27.11.66–30.01.70 Darmstadt
31.01.71–25.07.79 Frankfurt (M) 1
verkauft an Hist. Eisenbahn Frankfurt

V 36 407 – 236 407–3
30.06.51–31.08.52 Frankfurt (M) 1
24.10.52–06.08.60 Frankfurt (M)-Griesheim
07.08.60–30.06.79 Hanau

V 36 408 – 236 408–1
15.07.50–09.04.64 Frankfurt (M) 1
10.04.64–26.10.64 Darmstadt
26.10.64–10.09.66 Frankfurt (M)-Griesheim
11.09.66–23.09.66 Darmstadt
24.09.66–25.01.67 Aalen
26.01.67–06.01.71 Darmstadt
07.01.71–26.03.76 Frankfurt (M) 1

V 36 409 – 236 409–9
19.07.50–07.01.51 Frankfurt (M) 1
02.04.51–15.06.62 Frankfurt (M)-Griesheim
16.06.62–28.12.62 Wiesbaden
29.12.62–21.07.66 Frankfurt (M)-Griesheim
22.07.66–20.09.66 Darmstadt
21.09.66–02.11.66 Gießen
03.11.66–11.11.66 Darmstadt
27.11.66–13.01.67 Aalen
14.01.67–09.10.69 Darmstadt
10.10.69–30.11.76 Frankfurt (M) 1

36 410 – 236 410–7
15.07.50–06.02.52 Frankfurt (M) 1
26.02.52–23.04.59 Frankfurt (M)-Griesheim
24.04.59–28.05.60 Darmstadt
29.05.60–30.03.70 Hanau
31.03.70–28.04.70 Frankfurt (M) 1

Oben: Drei Jahre nach dem Einsatz in Korbach (S. 48) ist der Lack längst ab: 9679 Han trägt wieder die Zusatzbezeichnung V 36 301 und wartet bei der Mindener Kreisbahn auf den Umbau zur V 11 (30. Juli 1962).

Unten: Bis zu ihrem Verkauf an die Verkehrsbetriebe Grafschaft Hoya im Jahre 1979 war die 236 412–3 – wie die meisten V 36[4] – nur im Bereich der BD Frankfurt zu Hause. Im Bw Hanau, wohin die Lok 1959 umgesetzt wurde, entstand auch dieses Bild.

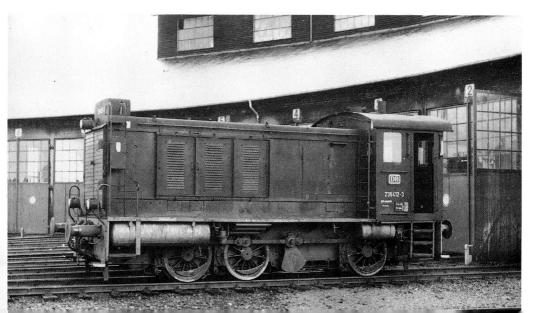

29.04.70−01.01.78 Hanau
V 36 411 − 236 411−5
15.08.50−06.07.51 Frankfurt (M) 1
07.07.51−03.10.59 Frankfurt (M)-Griesheim
04.10.59−19.12.59 Hanau
20.12.59−30.05.76 Gießen
31.05.76−12.06.79 Frankfurt (M) 1
verkauft an Museumsbahn e. V. Darmstadt
V 36 412 − 236 412−3
15.08.50−27.11.51 Frankfurt (M) 1
30.12.51−04.10.59 Frankfurt (M)-Griesheim
05.10.59−09.04.79 Hanau
05.79 verkauft an VGH V 36 006
V 36 413 − 236 413−1
13.09.50−27.08.51 Frankfurt (M) 1
28.10.51−10.01.55 Frankfurt (M)-Griesheim
11.01.55−16.06.56 Darmstadt
17.06.56−29.05.59 Friedberg
30.05.59−18.04.75 Gießen

V 36 414 − 236 414−9
31.10.50−21.12.53 Frankfurt (M)-Griesheim
22.12.53−28.05.60 Wiesbaden
29.05.60−30.05.76 Gießen
31.05.76−13.02.77 Frankfurt (M) 1
V 36 415 − 236 415−6
31.10.50−24.01.51 Frankfurt (M) 1
25.01.51−14.12.52 Frankfurt (M)-Griesheim
15.12.52−18.05.60 Darmstadt
11.06.60−06.08.60 Hanau
07.08.60−10.12.61 Wuppertal-Steinbeck
07.02.62−11.11.69 AW Stuttgart-
 Bad Cannstatt (WL)
12.11.69−14.11.77 Frankfurt (M) 1
V 36 416 − 236 416−4
12.10.50−16.12.51 Frankfurt (M)-Griesheim
17.12.51−10.08.60 Darmstadt
11.08.60−18.10.69 Wuppertal-Steinbeck
19.10.69−24.08.76 Frankfurt (M) 1
25.08.76−06.02.77 AW Hamburg-Harburg
 (WL)

V 36 417 − 236 417−2
16.11.50−03.06.51 Bamberg
04.06.51−30.10.51 Frankfurt (M)-Griesheim
01.11.51−11.12.70 Darmstadt
12.12.70−30.11.76 Frankfurt (M) 1
V 36 418 − 236 418−0
22.11.50−27.06.51 Bamberg
28.06.51−03.07.51 Frankfurt (M)-Griesheim
04.07.51−02.09.51 Wiesbaden
03.09.51−11.11.51 Frankfurt (M)-Griesheim
12.11.51−10.08.60 Darmstadt
11.08.60−18.10.69 Wuppertal-Steinbeck
19.10.69−31.05.78 Frankfurt (M) 1

Vom ehemaligen Bw Weinheim/Bergstraße aus lief die 236 417−2 des Bw Darmstadt am 22. März 1969 im Güterzugdienst Richtung Fürth/Odenwald.

Die V 20 und V 36 im Betrieb der Deutschen Bundesbahn

Die Einsätze im Überblick

Die V 20 und V 36 waren in erster Linie Rangierlokomotiven. Das wird dann besonders deutlich, wenn man versucht, Konkretes über die Einsätze dieser Loks in Erfahrung zu bringen. Da stößt man dann auf gewaltige „Löcher", bekommt allenfalls hier und da ein Detail zu fassen, wobei nicht selten diese Details mit den an anderer Stelle genannten Daten nicht zusammenpassen. Ein Beispiel: In Bretschneider, Die Baureihe V 200.0 (Freiburg 1981), werden im einführenden Kapitel die Nachkriegsleistungen der vor dem Krieg gebauten Diesellok und der ersten V 80 auf immerhin fünf Buchseiten vorgestellt. Da der Verfasser die Quelle verschweigt, kann nur vermutet werden, daß es sich um Angaben aus dem „Jahresbericht über die motorisierte Zugförderung" handelt, wie er seit 1949 (zunächst nur für die Bizone) veröffentlicht wurde. Da gibt es dann Streckenskizzen, die – so die Überschrift – die Einsatzstrecken im Reisezugdienst zeigen, „befahrene Strecken 1950" und „Erweiterung 1951". Innerhalb der ED Hamburg ist da auch die Strecke Lindholm – Tondern (Dänemark) erfaßt, also der nördliche Teil der Marschbahn. Schaut man dann im Sommerfahrplan 1950 unter der Tabelle 112p nach, findet sich hier – genau wie im Winter 1950/1 – der Vermerk „Süderlügum – Tondern noch kein Reisezugverkehr". Erst ab Sommer 1951 gibt es grenzüberschreitenden Personenverkehr auf dieser Strecke, und zwar durchweg Zugläufe Niebüll – Süderlügum – Tondern, während der Abschnitt Lindholm – Niebüll von den Zügen der Marschbahn aus Richtung Husum und von denen aus Richtung Flensburg (KBS 112p) mitbedient wird. Wo sind also die diesellokbespannten Reisezüge Lindholm – Tondern?

Widersprüche dieser Art gibt es zahlreiche, so daß die Glaubwürdigkeit der Quelle in Frage gestellt wird. Es kann davon ausgegangen werden, daß vor 1949 wohl kaum nennenswerte V 20-/V 36-Leistungen im Reisezugverkehr vorgekommen sind. Erst ab jenem Jahr, noch mehr dann nach Indienststellung der V 36-Nachbauten, wendet sich die DB diesem Einsatzgebiet in größerem Umfang zu, werden Loks zusammengezogen und auch kompliziertere Umlaufpläne für die V 36 erstellt. Allerdings muß auch hier gesagt werden, daß es nicht immer solche für die ersten Nachkriegsjahre attraktiven Zuggarnituren aus V 36 + vierachsigem VB/VS und möglicherweise einem weiteren VS waren, sondern es gab auch die klassischen Nebenbahnzüge mit „Donnerbüchsen", ja sogar mit provisorisch umgerüsteten Länderbahn-Wagen als VS. Die DB hatte diese Reisezugdienste zunächst mit viel Schwung aufgenommen, denn sie versprach sich eine merkliche Reduzierung der Betriebskosten.

Wie sich schnell zeigte, waren diese Streckendienste jedoch nicht ganz ohne Nachteile und es gab auch hier vergleichsweise enge Grenzen eines sinnvollen Einsatzes. Solange ein spürbarer Mangel an modernen Triebfahrzeugen bestand, stellten die V 36-Dienste eine willkommene Alternative zum leichten Nebenbahn-Dampfzug oder zum Vorortzug dar. Mit der Indienststellung der Schienenbusse und dem Abdrängen der Vorkriegs-VT auf Nebenstrecken, mit der Beschaffung der ersten ETA 150, der V 80 und der V 100, und schließlich dann mit der Elektrifizierung so mancher Vorortstrecke, wurden die V 36 ihre angestammten Dienste wieder los. Die allmählich abklingende Euphorie wird deutlich, wenn man die Jahresberichte von Klingensteiner/Ebner in der BUNDESBAHN verfolgt. Auf die Einsätze im Großraum Bremen, Frankfurt und im Stuttgarter Nah-

Die Braunschweiger V 20 008 mit ihrem Flachdach rangierte im August 1960 in Salzgitter-Drütte.

verkehr wird noch in gesonderten Kapiteln eingegangen werden. Ebenso werden – wenigstens streiflichtartig – einige andere typische V 20-/V 36-Dienste der fünfziger und frühen sechziger Jahre vorgestellt. An dieser Stelle nun soll nur ein Überblick über die zwischen Anfang der fünfziger und Mitte der sechziger Jahre mit Vorkriegs-Dieselloks abgewickelten Reisezugleistungen gegeben werden.

Im Fahrplanjahr 1952/53 laufen fast die Hälfte aller V 36 im Reisezugdienst. Heraus ragen jedoch die Einsätze bei den Direktionen Hamburg, Frankfurt, Kassel und Nürnberg, wo auf einzelnen Nebenbahnen sämtliche Zugleistungen von Dieselloks übernommen werden konnten. Auch im Vorortverkehr in den Räumen Bremen, Frankfurt, Stuttgart und Wuppertal wird Beachtliches geleistet, wobei auch „die Betriebsform des geschobenen Zuges mit größtem Erfolg angewandt wird". An dieser Situation ändert sich zunächst wenig. *Im Herbst 1953* wird die erste im Einvernehmen mit dem BZA München von der BD München durch Einbau einer Sicherheitsfahrschaltung und Höherlegen des Führerstandes für den Einmannbetrieb umgerüstete V 36 der Öffentlichkeit vorgestellt. Damit ist ein Handicap der V 36 wenigstens teilweise beseitigt: die schlechte Sicht bei Vorwärtsfahrt. Zu jener Zeit etabliert sich der Begriff *Wendezugbetrieb*, und es werden im tagtäglichen Betrieb alle möglichen Formen dieser um sich greifenden Betriebsweise in großem Stile auf ihre Tauglichkeit hin getestet. Im Frankfurter Raum werden die V 36-Dienste mit Beginn des *Sommerfahrplans 1954* neu geordnet. Die V 80 übernimmt einen Teil der ehemali-

gen V 36-Einsätze, und diese wiederum vergrößert ihren Einsatzbereich im Großraum Darmstadt.
Im Fahrplanjahr 1955/56 trägt sich auch die BD Nürnberg mit dem Gedanken eines Umbaus ihrer V 36 auf Einmannbedienung. Acht V 36 stehen dort im Planeinsatz im Reisezugverkehr. Derweil bleiben die Einsätze im Frankfurter und Bremer Nah- bzw. Vorortverkehr weitgehend unverändert, wie überhaupt der Anteil von 45 % V 20-/V 36-Leistungen im Streckendienst bemerkenswert stabil bleibt.
Die betriebstägliche Leistung der im Streckendienst eingesetzten Vorkriegs-Dieselloks liegt Mitte der fünfziger Jahre bei durchschnittlich 300 km. Es kommen jedoch auch deutlich geringere Leistungen zustande, 1954/55 in einem Fall nur 182 km/Betriebstag (BT). Relativ konstant sind die an den einzelnen Plantagen erbrachten Leistungen bei den Diensten im Großraum Frankfurt

Die Hannoveraner V 36 222 – auffallend durch den zusätzlichen Treibstoffbehälter – bildete am 24. Juli 1965 den Schlußläufer eines Gespanns aus E 10 258 + 01 289 (Ausfahrt Hannover Hbf).

(1955/56: 280–360 km/BT) und Bremen/Bremerhaven (1955/56: 270–330 km/BT). Im darauffolgenden Fahrplanjahr nennt der Bericht Werte zwischen 250 und 370 km/BT, und diese Angabe ist die letzte, die veröffentlicht wird.
Es wird stiller um die V 20-/V 36-Dienste. Zum einen sind sie nicht mehr so modern wie unmittelbar nach dem Krieg. Zum andern treten immer deutlicher die konstruktiven Mängel dieser Fahrzeuge zutage, so daß es angebracht erscheint, sie allmählich aus dem Streckendienst zurückzunehmen. Bei Klingensteiner/Ebner wird dies deutlich zum Ausdruck gebracht. So heißt es im Bericht für 1956/57, es bestehe die Absicht, die etwas ungünstig ausgelegten Dieselloks immer mehr aus dem

Zugdienst zu ziehen und im Verschiebedienst abzufahren. Einstweilen werden die Loks allerdings noch kräftig modernisiert. *Im Fahrplanjahr 1956/57* stehen insgesamt 16 V 36 mit hochliegendem Führerstand zur Verfügung, und im Bericht für 1959/60 wird von einem langfristigen Programm zum Umbau von insgesamt 29 V 36 und acht V 20 auf Einmannbedienung gesprochen. Dieses Programm wird, wie der Bericht für den darauffolgenden Fahrplanabschnitt zeigt, mit Macht durchgezogen. 49 V 36 und zwölf V 20 sind modernisiert, enthalten Sifa und einen hochliegenden Führerstand oder zumindest beiderseits jeweils einen Bedienungsstand.

Von Wendezug-, ja von Streckeneinsätzen überhaupt ist all die Jahre nur noch wenig die Rede. Im Fahrplanjahr 1960/61 sollen die zuletzt vier Wendezugdienste beim Bw Wuppertal-Steinbeck aufgegeben worden sein, in den darauffolgenden Berichten wird nur noch andeutungsweise von „einigen" *Wendezugeinsätzen* mit V 36 gesprochen, und *1964/65* gibt es diesen Hinweis überhaupt zum letztenmal. Immerhin erwähnt der Bericht von 1961/62 den Umbau weiterer 30 V 36 und einer V 20 auf einmännige Bedienung. Noch also gehörten die V 20/V 36 nicht ganz zum alten Eisen!

Der allmähliche Rückzug der Wehrmachts-Diesselloks ist im Grunde wenig verwunderlich. Eigentlich waren sie nicht für Streckeneinsätze konzipiert worden, sondern sollten in erster Linie Verschubaufgaben wahrnehmen und nur ausnahmsweise im Streckendienst eingesetzt werden. Gößl beleuchtet in einem Beitrag in den Krauss-Maffei-Informationen (ca. 1954), welche Probleme es da gab: „*Während diese Dieselokomotiven beim Einsatz für die Wehrmacht kaum Abnützungen oder Verschleiß zeigten, konnten beim Betrieb bei der DB aufschlußreiche Ergebnisse über die Anforderungen an Motoren und Getriebe gefunden werden. Es zeigte sich vor allem beim Einsatz dieser Lokomotiven im Vorortdienst mit 2,5fachen Laufleistungen des Rangierdienstes mit Geschwindigkeiten bei 60 km/h, daß es auf die Beherrschung der Schwingungsprobleme im gesamten Drehzahlbereich des Motors ankommt. Bei dem Einsatz dieser Lokomotiven wurde ferner festgestellt, daß der Anteil der Unterhaltungskosten für das Stangentriebwerk hohe Werte annehmen kann. Die Unterhaltungskosten des Motors konnten durch Einbau von Gegengewichten, Schwingungsdämpfern und geeigneten Kupplungen gesenkt werden. Aus den Erfahrungen ergab sich, daß die Übernahme eines im Schiffsdienst bewährten Dieselmotors in eine Diesellokomotive keinesfalls risikolos ist.*"

So kamen die V 20 und V 36 ab Mitte der sechziger Jahre wieder in den Rangierdienst. Der Bestand von anfangs mehr als 30 V 20 und etwas mehr als 100 V 36 war bis 1964 zunächst auf 29 V 20 und 75 V 36 zusammengeschmolzen. Zur Schonung der Getriebe wurde die zulässige Höchstgeschwindigkeit auf 27 km/h im Rangier- und 55 km/h im Streckengang gesenkt.

All die Jahre hindurch hatte es V 20 bei teilweise mehr als zwanzig *Einsatzstellen* gegeben, was faktisch bedeutete, daß die meisten Stützpunkte nur mehr eine solche Lok besaßen, während die V 36 bei ca. 25 Einsatzstellen zu Hause war (also im Schnitt etwa drei pro Bw). Mitte der sechziger Jahre wurde erstmals konzentriert, zuerst bei den V 20 (1963: 14 Einsatzstellen gegenüber 20 im Vorjahr, 1964 sogar nur noch 13), schrittweise dann aber auch bei den V 36 (1964: 24 Einsatzstellen).

Der Fahrzeugbestand blieb einstweilen relativ konstant, während die Einsatzorte weiter zusammengelegt wurden. 1967 gab es nur noch sieben Bws für die V 20 und 19 für die V 36, und man sollte meinen, daß die Entwicklung in dieser Weise fortgeführt worden wäre. Aus im nachhinein nicht einsichtigen Gründen wurden die Stützpunkte 1969 und 1970 jedoch merklich auseinandergezogen, gab es wieder 13 Bws für die mittlerweile in Baureihe 270 umgezeichneten V 20, und schließlich wieder 21 Bws für die V 36.

Bei alledem darf nicht übersehen werden, daß es auch weiterhin „große" und „kleine" V 20- oder V 36-Bws gab. Hamburg-Harburg und Oldenburg

Oben: Die Holzmindener 236 201–0 hat im September 1976 bei Wehrden eine V 60 im Schlepp.

Mitte: Die Husumer 236 219–2 verdingte sich im Sommer 1968 im Az-Dienst auf der Nebenbahn nach St. Peter-Ording (Garding, 12. Juni 1968).

Unten: 16 Jahre lang, bis 1976, besorgte die V 36 414 den Reisezugwagen-Verschub in Gießen.

Hbf z. B. verfügten weiterhin über teilweise mehr als fünf V 20, Frankfurt (M) 1, Hannover Hbf, München Hbf und Wuppertal-Steinbeck über jeweils fünf bis elf V 36.

Auch in puncto *Streckenleistungen* gab es bis Mitte der siebziger Jahre noch teilweise Erstaunliches zu berichten, wenngleich es mittlerweile nur noch Nahgüterzüge bzw. Übergabefahrten waren, die sich einige wenige V 20 oder V 36 neben ihrem „täglichen Brot", dem Rangiergeschäft, erlauben konnten. Ludwigshafener V 20 (270) z. B. bedienten noch 1973 die Nebenbahn von Lambrecht nach Elmstein (heute Museumsbahn), Holzmindener V 36 wenigstens 1972 noch die Nebenbahn von Schieder nach Blomberg samt Anfahrt über die KBS 260 Altenbeken-Hameln. Insgesamt aber hatte die Abwertung der V 20 und V 36 längst den Weg gewiesen, den die weitere Entwicklung gehen sollte. Arbeitszugdienste, Reserve, allenfalls untergeordnete Rangierarbeiten, das war meistens alles, wofür sie noch taugte.

Nur beim Bw Hamburg-Harburg hatte die V 20 (270) weiterhin ihren festen Platz, machte sie sich wegen ihres explosionsgeschützten Motors beim Verschub im Ölhafen fürs erste unentbehrlich. So konzentrierten sich in Hamburg-Harburg zeitweise (z. B. Jahresende 1975) bis zu sieben Loks dieser Bauart.

Erwähnt werden müssen auch die Einsätze von V 36 und – in geringerem Umfang – von V 20 *in Bundesbahn-Ausbesserungswerken.* Hier waren die ersten V 36^0 abgefahren worden, und auch in den folgenden Jahren gab es stets ein Kontingent ehemaliger Wehrmachts-Dieselloks, die in bestimmten AWs beheimatet waren. In Hannover (Leinhausen) und Harburg waren dies Ende 1964

Fast zwanzig Jahre, von 1962 bis zur Ausmusterung 1979, rangierte die V 36 205 im AW Oldenburg.

je eine V 20, ansonsten in bis zu 14 Ausbesserungswerken gleichzeitig wenigstens eine V 36 für den werksinternen Verschub. Schwetzingen brachte es zeitweise auf drei Loks (Ende 1967 z. B. eine V 20 und zwei V 36), doch war zu diesem Zeitpunkt die Zahl der V 36 in AWs bereits deutlich gegenüber dem Wert von 1964 zurückgegangen (einschließlich Schwetzingen neun V 36). Sieben, acht AW-Loks hielten sich bis Mitte der siebziger Jahre, zumeist in den Werken Neumünster, Harburg, Oldenburg, Schwetzingen und Cannstatt. Schließlich blieben nur noch eine V 20 in Harburg und eine V 36 in Schwetzingen übrig. Bemerkenswert ist schließlich, daß es während der rund dreißigjährigen Betriebsgeschichte der V 20 und V 36 bei der DB einige Bws gegeben hat, bei denen man solche Fahrzeuge kaum vermutet hätte. Dabei ist noch nicht einmal an die Zeit unmittelbar nach dem Krieg gedacht, wo die V 20 und V 36 in alle Winde verstreut waren, sondern an die späten fünfziger Jahre und weiter bis Mitte der siebziger Jahre. 1958 z. B. gab es einzelne (maximal zwei) V 20 oder V 36 bei den Bws Bestwig und Dortmund Rbf, dem Bww Dortmund und den Bws Gerolstein, Konstanz, Trier und Villingen. Villingens V 20 pendelte in den sechziger Jahren zwischen Villingen und Offenburg hin und her, bis sie 1966 schließlich dem Bw Karlsruhe kurzzeitig zu V 20-Ehren verhalf. Erwähnenswert sind auch die kurzzeitige Beheimatung einer V 36 im Bw Jünkerath (1962) und die wenigstens buchmäßige Zuteilung einer V 36 zum Bw Hagen-Eckesey im Herbst 1973. Das Bw Emden schließlich, das 1971 erstmals eine V 36 zugewiesen bekam, gab seine letzte V 36 zum Sommer 1976 an das Bw Rheine ab, so daß dieses bis Ende jenen Jahres auch zum V 36-Bw wurde.

Etliche *neue Bw-Namen* sind eine Folge der um sich greifenden Konzentration der Bws überhaupt. Von Delmenhorst nach Bremen Rbf, von Hannover-Linden nach Hannover Hbf, von Oberhausen nach Hamm und von Holzminden nach Altenbeken, das sind einige Beispiele für solche Umlagerungen im Nahraum, wobei nicht selten nur eine buchmäßige Umbeheimatung erfolgte, die Loks aber in ihrem angestammten Revier blieben.

Vorortverkehr und Nebenbahnbetrieb: Bw Bremen Hbf/Vegesack

Die Verdieselung des Nahverkehrs im Großraum Bremen ist in dem Beitrag von Schmundt, Motorlokomotiven im Nahverkehr, in: Die Bundesbahn (24) Heft 14/1950 S. 364–371 ausführlich beschrieben. Unter Einbeziehung der zugehörigen Fahrplantabellen aus dem Kursbuch Sommer 1950 läßt sich recht anschaulich rekonstruieren, was damals vonstatten ging.

Den Betriebsbuchauszügen zufolge kamen die V 36 sowohl nach Bremen Hbf als auch nach Bremen-Vegesack. Es ist jedoch anzunehmen, daß es sich letztlich in diesen Jahren 1949/56 stets um denselben Standort handelte, das Bw Bremen Hbf, Gruppe Vegesack, wie es im Betriebsbuch der V 36 218 korrekt vermerkt ist.

Erste Vertreter der Baureihe V 36 kamen bereits 1946 nach Bremen. Ab Oktober jenen Jahres gab es zwei, ab Dezember 1947 sogar drei V 36 beim Bw Bremen Hbf. Massiv verdieselt wurde mit Beginn des *Sommerfahrplans 1949*, und bis Ende 1950 war der Bestand in Bremen auf insgesamt elf V 36 angewachsen. Zwischen zehn und zwölf V 36 zählten bis Auslaufen des Winterfahrplans 1954/55 zum Bestand des Bw Bremen Hbf. Eine erste Serie von fünf V 36 verabschiedete sich im Mai/Juni 1955, die übrigen folgten – mit Ausnahme der V 36 217 – im Herbst jenen Jahres. Im *April 1956* wurde das Bw Bremen *frei von V 36*. Erst nach Auflösung des Bw Delmenhorst, Anfang der siebziger Jahre, sollten Dieselloks dieser Bauart erneut in Bremen (allerdings beim Bw Rbf) beheimatet werden, wenngleich nur noch für Rangierdienste.

Haupt-Einsatzstrecke für die Bremer V 36 war die *KBS 215a* Bremen Hbf – Bremen-Burg (km 11,6)

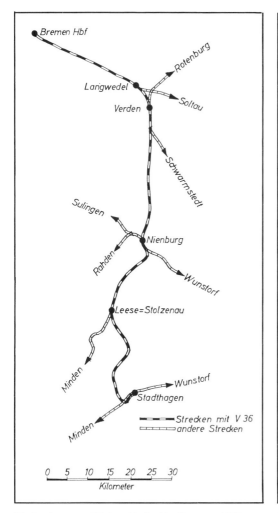

Die in einem zweitägigen Umlauf im Sommer 1950 von der V 36 befahrenen Strecken südlich von Bremen

Der zweitägige Umlauf

– Bremen-Vegesack (km 17,5, Kopfbahnhof und zugleich Anschlußbahnhof zur privaten Farge-Vegesacker Eisenbahn) – Bremen-Farge (km 27,9). Bis zum Eintreffen der V 36 hatte es hier zuletzt drei dampflokgeführte Umläufe zwischen Bremen Hbf und Bremen-Vegesack gegeben, aus maximal neun Abteilwagen + Packwagen gebildete und mit einer 78er bespannte Züge, dazu auf der Anschlußstrecke in Spitzenzeiten zwei Privatbahn-Umläufe. 19 Zugpaare waren es auf der Bundes- und 13 Zugpaare auf der Privatbahnstrecke. Wegen der kurzen Haltestellenabstände und der wechselnden Steigungsverhältnisse brachten es diese Dampfzüge nur auf eine Reisegeschwindigkeit von 22 km/h, was dem konkurrierenden Busverkehr der Bremer Straßenbahn mehr und mehr Fahrgäste zuführte.

Gegenüber dieser Ausgangssituation stellten die V 36-Wendezüge in mehrfacher Hinsicht eine Verbesserung dar. Zum einen konnte die Reisezeit spürbar gesenkt werden (von 36 auf 29 Minuten zwischen Bremen Hbf und Vegesack, von 75 auf 58 Minuten zwischen Bremen Hbf und Farge). Zum andern liefen jetzt die meisten Züge über Vegesack durch bis nach Farge bzw. nach Bremen Hbf. Und schließlich konnte durch den Einsatz der Dieselzüge die Zugfolge verdichtet werden, was ebenfalls dazu beitrug, daß die Attraktivität dieser Schienenverbindung stieg. Ab Sommer 1949 pendelten vier Garnituren aus drei Vierachser-VB bzw. -VS mit einer V 36 als Zuglok zwischen Bremen Hbf und Bremen-Farge, und nur in den Spitzenzeiten morgens und abends gab es jeweils ein Dampfzugpaar zusätzlich. Die Diesellloks blieben dabei während des gesamten Tages am Zug, brauchten nicht umgesetzt und nicht betankt zu werden (1500-l-Kraftstoffbehälter). Dadurch stieg auch die betriebstägliche Laufleistung von 216 km (Winter 1948/49 zur Dampflokzeit) auf nunmehr 342 km/BT.

Im Sommer 1950 waren die V 36-Wendezüge in der Fahrplantabelle als Triebwagenfahrten enthalten. Montags bis freitags gab es werktags 27 Wendezugpaare und zwei Dampfzugpaare (beim P 3411 fehlt der Zusatz „T", die Rückleistung des dampfbespannten P 3443 fehlt). 15 Zugpaare liefen auf der gesamten Strecke durch. Zwischen Bremen Hbf und Vegesack bestand dadurch wenigstens annähernd ein Stundentakt, in Spitzenzeiten sogar auf halbstündliche Zugfolge verdichtet.

Ab Sommer 1951 machte sich der sowieso unzutreffende Vermerk „T" in der Fahrplantabelle 215a rarer, bezeichnete nunmehr die von der Esslinger Triebwagen der Farge-Vegesacker Eisenbahn erbrachten Leistungen auf der Bundesbahnstrecke Bremen-Vegesack – Bremen Hbf. Am 17. 3. 51 hatte die FVE nämlich ihren VT 21 in Dienst gestellt, am 9. 4. 51 dann auch den VT 20, so daß insgesamt zwei moderne Triebfahrzeuge für den Nahverkehr zur Verfügung standen. Im Sommer 1951 liefen werktags sieben FVE-Triebwagenpaare auf der Bundesbahnstrecke durch, während die Bundesbahn ihrerseits mit neun Zugpaaren auf die Gleise der FVE überwechselte.

Zum Sommer 1955 erfolgten erste Reduzierungen des Einsatzes von V 36, und mit Ende des Sommerfahrplans 1955 verschwanden diese Fahrzeuge ganz aus dem Bremer Vorortverkehr. Interessant ist dabei die Feststellung, daß auch die modernen Esslinger Züge der FVE wenig später ausgedient hatten. Am 10. 7. 56 wechselte der erste von ihnen zur Teutoburger Wald-Eisenbahn über, am 11. 9. des Folgejahres auch der zweite Wagen. Die Buslinie der Bremer Straßenbahn hatte sich als zugkräftiger erwiesen. Die Bundesbahn ihrerseits setzte ab Sommer 1957 Akkutriebwagen der Baureihe ETA 150 Richtung Vegesack ein.

Mit den Einsätzen Richtung Vegesack und Farge sind jedoch noch lange nicht alle Dienste der V 36 im Raum Bremen erfaßt. Darüber hinaus bestanden *Nahverkehrsleistungen auf der KBS 215* zwischen Bremen Hbf und Nienburg (teils zum Fahrzeugtausch über die KBS 215h) und ab 1951 für einige Zeit einzelne Pendelfahrten mit V 36 in verkehrsschwachen Stunden auf den Abschnitten Bremen Hbf – Stubben (KBS 215 Richtung Bremerhaven), Bremen Hbf – Bassum (KBS 218) und Bremen – Hude (KBS 221). Im Sommer 1951 waren dies:

P 3325/6 Bremen – Stubben 6.25 – 7.21 u. z. 7.25 – 8.21

P 3328/9 Bremen – Bassum 19.03 – 19.55 u. z. 20.30 – 21.20

P 3329/3318 Bremen – Hude 21.30 – 22.15 u. z. 22.24 – 23.10

Die Graphik verdeutlicht die Einsätze Richtung Nienburg und weiter nach Stadthagen. Bemerkenswert sind die Züge P 3306 und 3309, denn sie bringen den Fahrzeugtausch der auf der *Neben-*

strecke 215 k Leese-Stolzenau – Stadthagen eingesetzten Garnitur. Bis Nienburg wird der aus Bremen kommende P 3306 mit Bremer Personal gefahren, um dort von Nienburger Personal, das mit dem P 3309 heraufgekommen ist, weiterbefördert zu werden. Die in Nienburg anschließende Nebenstrecke 215h nach Leese-Stolzenau wird auch nur im Zuge des Fahrzeugtauschs mit den P 3306 und 3309 befahren, während die anschließende Strecke Richtung Stadthagen vollständig verdieselt ist. Die Übernachtung erfolgt in Leese-Stolzenau, wo der von der früheren Lokstation übriggebliebene Lokschuppen genutzt werden kann.

Die V 36 versieht sämtliche Zugleistungen auf der KBS 215k einschließlich der GmP-Dienste (Zugnummern 9700) mit z. T. mehr als 90 Minuten Fahrzeit für nurmehr 27 km Strecke.

Erwähnt werden müssen schließlich auch die vom Bw Bremen erbrachten Leistungen auf der Nebenbahn von *Bremerhaven nach Bederkesa (KBS 215g)*. Leider läßt die Auswertung der Fahrplantabellen keine Aussage darüber zu, auf welche Weise der Fahrzeugtausch mit dem Bw Bremen erfolgte, da auf der KBS 215 keine als Dieselzug identifizierbaren Zugleistungen zwischen Bremen und Bremerhaven enthalten sind (Zugnummern im Bereich 3300, 3400, 3500). Jedenfalls bedient eine V 36-Wendezuggarnitur, in den Spitzenzeiten durch eine Dampfzuggarnitur verstärkt, diese KBS 215g im Sommer 1950 mit immerhin acht Zugpaaren (+ 3 Dampfzugpaare). Die Wendezeiten betragen in Bederkesa im knappsten Fall drei Minuten, gefahren wird von morgens 5.35 Uhr (ab Bederkesa) bis 1.01 Uhr in der Frühe (an Bremerhaven Hbf), nicht gerechnet die Leerfahrt Bremerhafen Hbf – Bederkesa für den Frühzug in der Gegenrichtung.

In seiner Grundstruktur hat sich dieser Plan bis Anfang der sechziger Jahre gehalten. Im Sommer 1961 verzeichnet der Fahrplan unter der Nummer 215d werktags neun Zugpaare zwischen 4.43 und 20.47 Uhr, theoretisch machbar von einer einzigen V 36, die damit betrieblich 428 Lokkilometer zurückgelegt hätte. Anzunehmen ist, daß der Dienst Richtung Bederkesa damals – wie 1950? – einen zweitägigen Plan umfaßte. Allerdings war es 1961 schon lange nicht mehr das Bw Bremen Hbf, das die Fahrzeuge stellte. Ab Sommer 1955 war dort der Einsatz von V 36 im Wendezugdienst auf fünf Einheiten (mit betriebstäglich zwischen 270 und 330 km) zusammengeschmolzen, und mit Ablauf des Sommerfahrplans 1955 blieben sogar nur noch die Dienste Richtung Bederkesa übrig, seit Mai jenen Jahres vom *Bw Bremerhaven-Lehe* wahrgenommen, wohin drei V 36 umbeheimatet wurden.

V 36-Dienste im Rhein-Main-Gebiet

Über die Einsätze der V 36 im Bereich der BD Frankfurt, namentlich im Rhein-Main-Gebiet, ließe sich wohl ein Buch füllen. Je mehr man sich mit dem Thema befaßt, um so deutlicher wird, warum dies bis heute nicht geschehen ist, und warum z. B. sogar ein Buch, das die „Eisenbahnen im Rhein-Main-Gebiet" zum Thema hat (Köhler/Christopher, Freiburg 1983) sich jeder detaillierten Aussage hierzu enthält: Die Materie ist unglaublich unübersichtlich, sie zu beschreiben, würde intensive Archivarbeiten voraussetzen – sofern das Material überhaupt noch erhalten ist. So erheben denn auch die folgenden Ausführungen keinesfalls den Anspruch auf Vollständigkeit. Nur: Ein Buch über die V 36 kann an diesem Thema nicht vorbeigehen.

V 36 im Bereich der *BD Frankfurt* gab es – teils nacheinander, teils zeitgleich – bei den Bws Frankfurt (M) 1 und 2 und in Frankfurt (M)-Griesheim, beim Bw Darmstadt, Wiesbaden und Hanau, darüber hinaus in Friedberg und Gießen. Eine stattliche Zahl von Bws also, aber auch eine sonst nirgendwo erreichte Konzentration von Lokomotiven dieses Typs. Die in *Friedberg* (nur V 36 413 von Juni 1956 bis Mai 1959) und *Wiesbaden* beheimateten V 36 (zwischen 1951 und 1963 selten mehr als eine Lok) fallen bei der weiteren Betrachtung nicht ins Gewicht, wie auch die *Gießener* V 36⁴ vernachlässigt werden können, denn die anfangs (1959/60) drei, später dann maximal (Herbst 1966) sieben und zuletzt (1975/6) immer noch sechs Lokomotiven waren vornehmlich im Rangierdienst beschäftigt. Bleiben also die Frankfurter Bws sowie die Bws Darmstadt und Hanau. Bei ihnen allen gab es über längere Zeit hinweg neben den Rangiereinsätzen auch Streckendienste.

Das Betriebsbuch der V 36 101 nennt für die Zeit ab August 1947 das *Bw Frankfurt (M) 2*, ansonsten ist es durchweg das *Bw Frankfurt (M) 1*, das für die ab diesem Zeitpunkt in Frankfurt beheimateten V 36 zuständig ist. Im Laufe des Jahres 1948 kommen eine ganze Reihe V 36¹ und V 36² dorthin, einschließlich eines Großteils der nachgelieferten V 36 ab Betriebsnummer 251. Insgesamt 17 V 36 sind zum Jahresende 1948 in Frankfurt versammelt, der damals größte Bestand eines Bws überhaupt. Bis Anfang 1950 vergrößert sich ihre Zahl sogar auf 20 Einheiten.

Mit dem Eintreffen der V 36⁴ ab März 1950 werden die V 36¹ und V 36² abgegeben, vielfach

Fahrschaulinien der Strecke Frankfurt-Hoechst – Bad Soden/Ts. für V 36⁴ mit Wagenzug, Wagenzuggewicht 40/60/100/250 t.

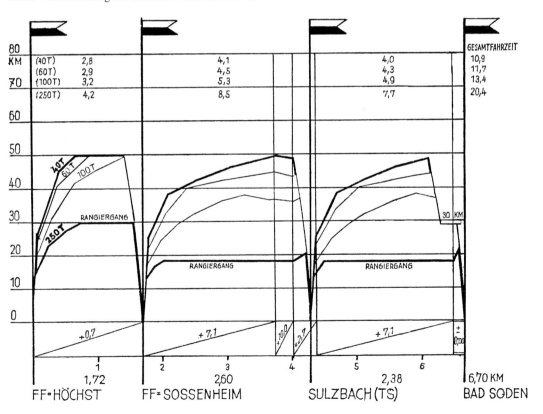

nach Darmstadt, und nur die V 36 262 – die ja eine gewisse Ähnlichkeit mit der V 36^4 besaß – kommt kurzzeitig noch einmal in ihr angestammtes Bw zurück. Jedenfalls sind bis Ende Oktober 1950 16 und ab Juni des folgenden Jahres sogar sämtliche V 36^4 in Frankfurt versammelt. Sofern nicht von Anfang an der Vermerk „Frankfurt(M)-Griesheim" in den Betriebsbüchern enthalten ist, erfolgt die Umbeheimatung von Frankfurt (M) 1 nach Griesheim auch offiziell bis spätestens Juli 1952. Derweil sind die ersten V 36^4 bereits nach Darmstadt übergewechselt. Diese Ausführungen zeigen bereits, welche Bewegung ständig in den im Großraum Frankfurt beheimateten V 36 gewesen ist. Man könnte noch Seiten über Seiten füllen, um sie alle wenigstens andeutungsweise zu erfassen. Doch sei an dieser Stelle ein erster Schnitt gezogen und statt dessen die *Einsätze* etwas näher beleuchtet.

Im Juni 1951 verfügte die ED Frankfurt (M) über 18 V 36^4 beim Bw Frankfurt (M)-Griesheim (die Betriebsbücher hinken da etwas nach – s. o.) und sechs V 36^2 der Nachkriegslieferung (V 36 251 ff) beim Bw Darmstadt. Die meisten V 36 liefen im Personen-Nahverkehr, teils auch im Sonderzugdienst in Verbindung mit zwei bis drei Vierachser-Bei- oder -Steuerwagen. Der Rest der Fahrzeuge wurde im mittelschweren Verschiebedienst eingesetzt.

Es gab zweierlei Zugbildungen. *Zwischen Frankfurt (M) Hbf und Frankfurt (M)-Hoechst bzw. zwischen Hbf und Offenbach* waren die V 36 mit zwei Steuerwagen im Wendezugdienst eingesetzt. Dadurch konnten die Wendezeiten an den Endpunkten deutlich verkürzt werden. Hingegen wurde auf der Nebenbahn *von Frankfurt (M)-Hoechst nach Bad Soden* an den Endpunkten umgespannt. Regelzugbildung war hier die V 36 mit vier Steuerwagen (Last 110 t). Im Berufsverkehr wurde bei drei Zugpaaren mit zwei V 36 gefahren, je eine an jedem Zugende, und zwischen diesen insgesamt sechs Steuerwagen (Last rd. 250 t). Die 6,7 km lange Strecke weist auf 300 m Länge eine maximale Steigung von 10‰ auf, sonst 7,1‰. Im Normalfall brauchten die Züge damals bergwärts 13 Minuten. Im Fall, daß bei den Sechswagenzügen nur mehr eine Zuglok verwendet wurde, mußten fünf bis sieben Minuten Fahrzeitverlängerung einkalkuliert werden, da die V 36 dann ab Sossenheim auf Rangiergang geschaltet werden mußte.

So ganz ohne *Probleme* war der Einsatz der V 36^4 damals nicht. Der Erfahrungsbericht der ED Frankfurt (M) vom Juni 1951 versucht, sie etwas herunterzuspielen. Mit den MWM-Motoren gab es eine ganze Reihe von Schwierigkeiten, „die z. Zt. von der Lieferfirma im Rahmen der Gewährspflicht beseitigt werden". Bei einer V 36 traten nach 65 000 km Laufleistung Lagerschäden am Motor auf. Vielfach brachen in der ersten Betriebszeit die Einspritzrohre: „Diese durch Vibration verursachten Schäden wurden durch bessere Befestigung der Einspritzrohre abgestellt", die Verschlußdeckel der Sandkästen schlossen nicht dicht, „so daß der Sandstreuer bei feuchter Witterung oft unwirksam wird". Und insgesamt verzeichnete die Statistik innerhalb eines Jahres bei den V 36 401–416 ca. 75 Betriebsstörungen, die Verspätungen oder Ausfall der Lok zur Folge hatten, bedingt vor allem durch Defekte am Wendegetriebe, an der Einspritzleitung, am Keilriemen und am Brennstoffilter. Von März 1950 bis März 1951 mußten für die Unterhaltung der V 36 401–416 insgesamt 137 207 DM aufgewendet werden. Während dieser Zeit erbrachten die 16 Maschinen eine Laufleistung von insgesamt 808 612 km, bei täglichen Laufleistungen von 300 bis 350 km. Damit errechneten sich 0,17 DM/km Unterhaltungskosten. Der Kraftstoffverbrauch wurde für diesen Zeitraum im gemischten Dienst mit 1,14 l/km angegeben.

Chancen gab die ED Frankfurt (M) damals dem Einsatz von V 36 vor *Gesellschaftssonderzügen* bis 300 Teilnehmern, „weil die Motorlok auf dem Zielbahnhof während der Dauer der Wendezeit, die erfahrungsgemäß bei derartigen Fahrten oft sehr ausgedehnt wird, ohne Behandlung, Bewachung und ohne Stoffverbrauch abgestellt werden kann". Neben diesen recht konkreten Aussagen

gibt es vor allem bei Kurt Eckert: Klein- und Nebenbahnen im Taunus (Augsburg 1978) Hinweise auf die Dienste der V 36 im Großraum Frankfurt. So berichtet Eckert z. B., daß die ersten V 36[4] im *Eilzugdienst zwischen Frankfurt und Wiesbaden* verkehrten, sehr bald zur Nebenbahn Frankfurt (M)-Hoechst – Bad Soden kamen und dort im Winterdienst durch Dampfloks der Baureihe 74[4] ergänzt werden mußten. Die Zugbildung war damals – wie durch Fotos belegt – durchaus nicht so reinrassig aus VB und VS, sondern es kamen auch Ci der Einheitsbauart zur Verwendung. Etwa ab Mitte der fünfziger Jahre verdingten sich dann V 36 mit Vierachser-VB und -VS im Wendezugverkehr auf der Strecke *nach Bad Homburg*. Eckert weiß auch noch von einem interessanten Detail zu berichten, dem „Zwieback-Expreß", jenem Einsatz der V 36 als Stückgutsammler Frankfurt (M) Hbf – Friedrichsdorf –

V 36 409 vom Bw Griesheim im Sonntagsausflugsdienst mit einem Sonderzug Frankfurt (M) – Jossa – Wildflecken im Bahnhof Jossa am 24. Mai 1963 (+ VB 147 053 + VS 145 171 + VS 145 144).

Frankfurt (M)-Hoechst – Frankfurt (M) Hbf, wie er lange Jahre hindurch bestand.

Weitere Hinweise bietet der Jahresbericht von Klingensteiner/Ebner. Hierin heißt es für 1954/5, daß der Einsatz der V 36 im Frankfurter Raum vollkommen neu gestaltet worden sei. *Ab 23. 5. 54* liefen drei V 80 zwischen Frankfurt (M) Hbf und Bad Homburg bzw. Kronberg, eine V 36 zwischen Frankfurt (M)-Hoechst und Bad Soden und insgesamt drei V 36 im Vorortverkehr zwischen Frankfurt (M)-Hoechst und Hanau. Geplant sei, den Wendezugbetrieb mit weiteren vier V 36 auf den

Sie war die letzte aktive V 36 der DB: 236 405–7 am 23. Januar 1981 im Bw Frankfurt (M) 2.

Strecken Pfungstadt – Eberstadt, Bickenbach – Seeheim und Darmstadt – Groß-Gerau – Dornburg aufzunehmen. Gegenwärtig leisteten die V 36 im Großraum Frankfurt betriebstäglich zwischen 182 und 302 km.

Im entsprechenden Bericht für *1955/56* sind es noch immer vier V 36-Wendezüge mit indirekter Steuerung, die im Bereich der BD Frankfurt laufen, wobei auffällt, daß nunmehr vom *Vorortverkehr Frankfurt und Darmstadt* gesprochen wird, also anzunehmen ist, daß ein teilweiser Streckentausch vorgenommen wurde. Betriebstäglich fielen damals zwischen 280 und 360 km an. Wie man sieht, bieten selbst diese wenigen Hinweise schon eine Fülle widersprüchlicher Informationen.

Deutlich wird immerhin, daß die große Zeit der V 36 im Vorortverkehr rund um Frankfurt nicht sehr lange gedauert hat, daß diese Lok zwar nacheinander eine ganze Reihe von Strecken bedient hat, daß sie aber in den meisten Fällen auch sehr schnell wieder dort verschwunden ist. Probleme mit den steigungsreichen Taunusstrecken, zu geringe Geschwindigkeiten auf den dicht belegten Hauptbahnen am Main entlang, die sehr bald schon auftretende Konkurrenz der wesentlich neueren V 80, sie alle mögen hieran Schuld haben. Das noch 1950/1 geplante engmaschige Netz von V 36-Strecken bis hinunter nach Biblis, Reinheim und über Aschaffenburg hinaus jedenfalls kam nie zustande.

Auffällig ist, daß in dem Bericht der ED Frankfurt (M) vom Sommer 1951 nicht auf zwei Strecken eingegangen wird, die mit ziemlich großer Wahrscheinlichkeit zu jenem Zeitpunkt ebenfalls mit

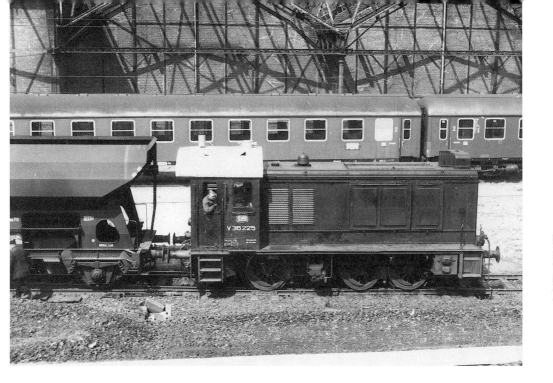

Die Griesheimer V 36 225 rangierte am 16. April 1968 in der Nähe des Bws Frankfurt (M) 1.

V 36-Wendezuggarnituren bedient wurden, zwei Strecken, die in idealer Weise für diesen Fahrzeugtyp geschaffen waren: die KBS *315a Darmstadt-Eberstadt – Pfungstadt und 315b Bickenbach – Seeheim.* Im Jahresbericht für 1954/5 wird zwar davon gesprochen, daß diese Strecken für die Umstellung auf V 36-Wendezüge vorgesehen seien, doch ist anzunehmen, daß dies schon längst vorher geschehen (und in der Zwischenzeit wieder zurückgenommen worden) war.

Die Strecke Eberstadt – Pfungstadt war 1,9 km lang, Bickenbach – Seeheim 4,4 km; nur mit einer dichten Zugfolge also konnte die Bahn hier überhaupt Marktanteile erhalten bzw. erobern. Die Bedeutung der KBS 315a lag vor allem im Berufsverkehr. Im Sommer 1950 gab es hier nur morgens, mittags und (montags bis freitags auch) abends häufigere Zugfahrten, in der Größenordnung von elf bis zwölf Zugpaaren. Auf Bickenbach – Seeheim waren es montags bis freitags 14 und sonntags immerhin noch elf Zugpaare. Bis zum Sommer 1951 wurde die Zugfolge auf beiden Strecken nochmals spürbar verdichtet. Auf der KBS 315a gab es nunmehr werktags 18, auf der KBS 315b sogar 20 Fahrtmöglichkeiten in jeder Richtung, ein für die damalige Zeit außerordentlich günstiges Angebot. Und dabei blieb der Zuglok immer noch genügend Spielraum, in den verkehrsschwachen Stunden Güterzug- oder Rangierleistungen zu übernehmen.

Der *Abstieg der V 36* im Großraum Frankfurt wird auch daran deutlich, daß das Bw Frankfurt (M)-Griesheim bis Ende der fünfziger Jahre fast alle V 36[4] abgibt, mit Schwerpunkt an die Bws Darmstadt und Hanau, vereinzelt auch nach Wiesbaden und Wuppertal-Steinbeck. Erst ab Ende der sechziger Jahre kehren sie – eine nach der anderen – nach Frankfurt (Bw Frankfurt/M 1) zurück. Anfang 1971 sind es insgesamt neun, die im Bw Frankfurt (M) 1 versammelt sind. Die meisten von ihnen beenden hier auch ihre Karriere. Nach und nach kehren auch V 36² wieder zum Bw Frankfurt (M)-Griesheim zurück, namentlich in den sechziger Jahren, in den siebziger Jahren dann auch V 36¹. Man kann also alle drei Varianten, die damals noch existieren, dort antreffen. Nur sind es mittlerweile längst keine Streckeneinsätze mehr, die das tägliche Brot dieser Diesellokbaureihe ausmachen, sondern Rangieraufgaben aller Art, Az-Dienste, kleine Übergabefahrten und nicht selten stehen diese V 36 auch schlicht und einfach „auf Reserve". So besagt denn auch die Zahl von durchweg mehr als zehn V 36, wie sie die Statistik Anfang der siebziger Jahre beim Bw Frankfurt (M) 1 ausweist, im Grunde genommen nur wenig.

Eine der letzten mit V 36-Wendezügen befahrenen Strecken im Großraum Frankfurt dürfte die *KBS 317c Offenbach – Dietzenbach* gewesen sein. Hier bestand im Sommer 1961 noch Gelegenheit für zwei V 36-Garnituren, wenigstens in Spitzenzeiten vorzuführen, was zehn Jahre vorher noch

Eine ungewöhnliche Perspektive: 236 401–6 mit einer Garnitur aus Umbauwagen am Haken beim Einsatz im Bhf Gießen (September 1969).

Die beiden Bilder vom Einsatz der V 36 auf Nebenstrecken sind relativ selten. Die Darmstädter 236 417−2 auf der Strecke Weinheim – Fürth/Odenwald – aufgenommen am 22. März 1969 im Bhf Birkenau – sollte man daher mit Muße betrachten.

modern war. Morgens und abends waren es jeweils vier bis fünf Zugpaare (z. T. nur bis/ab Offenbach-Bieber), die diese Züge zu bewältigen hatten, vielfach mit Zugkreuzung in Heusenstamm oder Offenbach-Bieber. Der Schwerpunkt dieser Betrachtung liegt naturgemäß auf den Leistungen der Frankfurter V 36-Bws. Dabei sollen jedoch nicht die V 36-Bestände der benachbarten Bws Darmstadt und Hanau aus den Augen gelassen werden. Irgendwie waren ja alle diese Bws miteinander verbunden, bekam Darmstadt, was Frankfurt-Griesheim nicht mehr brauchte, reichte Darmstadt weiter, was damit dort überflüssig wurde.

Ab Mai 1950 wurde in *Darmstadt* aus in Frankfurt freiwerdenden V 36^{1+2} ein Bestand von durchweg fünf bis sechs V 36 aufgebaut. Ab Herbst stießen V 36^4 hinzu, und diese ersetzten die meisten älteren V 36. Im Mai 1960 waren es immerhin acht V 36^4, die in Darmstadt versammelt waren. In den sechziger Jahren waren meistenteils zwischen zwei und vier V 36 in Darmstadt beheimatet, eine eigentlich bescheidene Zahl. Mit diesen V 36 jedoch wurde immer noch Beachtliches geleistet, ja, es kam bis wenigstens 1969 sogar zu Streckenleistungen im Güterzugdienst. So war sie im März 1969 noch auf der Odenwaldstrecke von Weinheim nach Fürth zu sehen, teilte sich mit einer 65er den damals noch recht beachtlichen Güterverkehr. 1971 verabschiedete sich die letzte V 36 aus Darmstadt.

Was schließlich die *Hanauer* Leistungen mit V 36 angeht, so liegen sie in den sechziger Jahren in einem ähnlichen Rahmen wie die der Darmstädter V 36. Hanau war relativ spät zu V 36-Ehren gekommen, hatte ab Ende 1959 zumeist zwischen drei und vier V 36 im Bestand. Hanauer V 36 konnten im Übergabeverkehr bis Kahl/Main beobachtet werden, waren also auch unter Fahrdraht tätig. Im Frühjahr 1979 schieden die beiden letzten Fahrzeuge aus.

Wendezugbetrieb mit Länderbahnwagen: V 36 + Cid Wü

Die zweifellos kurioseste Zugbildung im Zusammenhang mit V 36-Personenzugeinsätzen wurde Anfang der fünfziger Jahre vom Bw Stuttgart gefahren. Stuttgarts V 36-Einsätze waren stets recht bescheiden, selten kam es vor, daß über einen längeren Zeitraum hinweg mehr als eine V 36 zur Verfügung stand. Im März 1948 war die V 36 117 nach Stuttgart gekommen, im Mai desselben Jahres die Betriebsnummer 001. Im Oktober 1949 kamen die V 36 101 und 255 hinzu; kurzzeitig gab es also vier Loks dieses Typs. Die Blüte währte jedoch nur bis zum folgenden Jahr. V 36 001 ging im Juli fort, V 36 101 im Oktober und V 36 255 im Dezember 1950. Statt dessen trafen im August (bis Mai 1951) die V 36 107, im November (bis April 1951) die V 36 116 ein. Man sieht: Das Fahrzeugkarussell drehte kleine Kreise.

Die letzten nennenswerten Veränderungen ergaben sich im November 1951 mit der Umstationierung der bisherigen „Stammlok", der V 36 117, und der Beheimatung der V 36 150 beim Bw Stuttgart ab Juni 1951. V 36 117 und V 36 150 waren

Das Gespann aus V 36 + Cid Wü

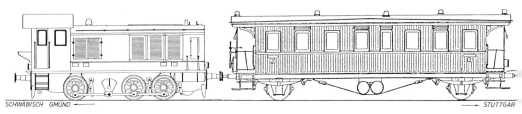

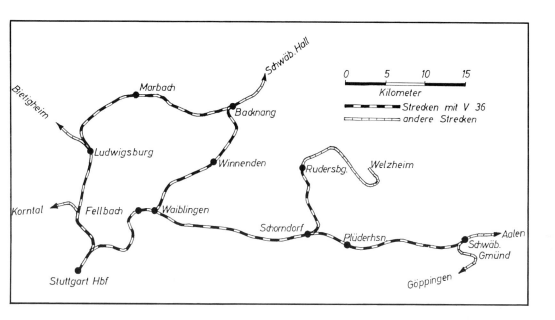

Die im Sommer 1951 vom Stuttgarter Wendezug befahrenen Strecken

Unten: Ein „Schätzchen" aus Reinhard Todts Archiv: V 36 150, 1954 von Stuttgart zum Bww Kassel umbeheimatet, bediente im August 1960 die Strecke Hümme – Karlshafen (Hümme).

diejenigen Loks, die die längste Zeit hindurch im Stuttgarter Raum eingesetzt waren, so daß anzunehmen ist, daß sie auch am ehesten den (zumeist wohl einen) V 36-Umlauf im Personenzugdienst bewältigt haben. V 36 150 blieb als einzige V 36 bis Mai 1954, womit die Wendezugdienste spätestens mit Ablauf des Winterfahrplans 1953/54 endeten. Dies deckt sich auch mit den Erinnerungen von Kurt Seidel, dessen Nachforschungen im folgenden wiedergegeben sind.

Wann die Wendezugeinsätze begannen, läßt sich nicht mehr genau rekonstruieren. Fest steht nur, daß sie im Jahre 1951 aus der einmaligen Kombination V 36 + Cid Wü bestanden, wobei der alte „Württemberger" entsprechend hergerichtet worden war. Der Wagen hatte in Richtung Stuttgart einen provisorischen Führerstand bekommen; wenn der Zug in Richtung Osten, also nach Backnang, Schorndorf, Rudersberg oder Schwäbisch Gmünd unterwegs war, fuhr die Lok voraus. Führerstandseitig war die Tür zur Plattform beibehalten worden. Links und rechts von ihr gab es hinreichend große Fenster, die dem Lokführer die notwendige Streckensicht gaben. Hinzu kamen die erforderlichen Zugspitzensignale.

Wie den Fahrplantabellen zu entnehmen ist, fungierte der Cid bei zahlreichen Fahrten auch als provisorischer Gepäckraum. Und aus der Erinnerung ist sogar noch der Spitzname dieses Gespanns überliefert: „Korea-Expreß" oder „Kongo-Expreß", ein Hinweis auf die Farbgebung.

Wenig später muß der Cid durch einen normalen Zug aus VB und VS ersetzt worden sein, womit das Kuriosum aufgehört hatte zu existieren. Es muß schon merkwürdig ausgesehen haben, wie da eine V 36 mit einem alten Württemberger Cid, womöglich noch „Steuerwagen" voraus, im Raum östlich von Stuttgart unterwegs war, Fahrgast- und Gepäckraum zugleich. Ein Wagen und eine 360-PS-Diesellok, mit wenigstens drei Mann Personal, welche Verschwendung! Die Kombination 216 + 1 Nahverkehrswagen hat also ihre historischen Vorbilder. Im Sommerfahrplan 1951 fielen montags bis freitags 368,8 Zugkilometer pro Tag an, samstags waren es 163,8 km und sonntags gab es gar keine Leistungen für diesen Zug. Auffallend ist, wie viele verschiedene Strecken bei dieser Rundreise tagtäglich bedient wurden, in erster Linie Lückenfüllerdienste, was allein schon aus der Lage im Fahrplan ersichtlich ist.

Umlauf V 36 + Cid Wü Sommer 1951
montags-freitags

Bahnhof	an	ab	Zugnummer	km
Stuttgart Hbf		5.11	P 2721*	
Winnenden	5.56	6.18	P 2730	21,9
Fellbach	6.39	6.52	P 1425 oG	12,3
Schorndorf	7.36	8.10	P 1431 oG	20,3
Schwäbisch Gmünd	8.43	10.35	P 3136	21,1
Waiblingen	11.51	12.07	P 1443 oG	39,0
Plüderhausen	12.55	13.07	P 1460 oG	23,4
Waiblingen	13.57	14.07	P 2767 oG	23,4
Backnang	14.44	15.18	P 2770 oG	18,6
Waiblingen	15.50	16.00	P 1465 oG	18,6
Rudersberg	17.02	17.08	P 1472	27,9
Waiblingen	18.23	18.58	P 1483 oG	27,9
Schorndorf	19.37	19.45	P 1480 oG	17,9
Waiblingen	20.19	20.38	P 2795 oG	17,9
Backnang	21.12	21.26	P 1760	18,6
Ludwigsburg	22.10	22.20	P 1759	24,5
Marbach	22.38	22.58	P 1760	10,8
Stuttgart Hbf	23.36			24,7
				368,8

samstags

Bahnhof	an	ab	Zugnummer	km
Stuttgart Hbf		5.11	P 2721*	
Winnenden	5.56	6.18	P 2730	21,9
Fellbach	6.39	6.52	P 1425 oG	12,3
Schorndorf	7.36	8.10	P 1431 oG	20,3
Schwäbisch Gmünd	8.43	10.35	P 3136	21,1
Waiblingen	11.51	12.12	P 2751	39,0
Backnang	12.47	13.00	P 2754	18,6
Stuttgart Hbf	13.56			30,6
				163,8

* am Zugschluß des P 2721 Richtung Schwäbisch Hall

Rechts: Az-Dienste gehörten für die Husumer V 36 nach der Aufgabe der Personenzugdienste auf Nebenbahnen zum täglichen Brot: V 36 213 mit Einheitskanzel im Bhf Tönning am 24. Juni 1968.

Unten: Die Heiligenhafener Stammlok V 20 039 besorgte auch den Personenzugdienst auf Fehmarn (Großenbrode).

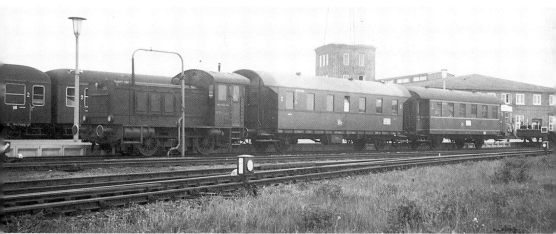

Von Husum bis Freilassing – einige Stationen

Bei den Nachforschungen nach V 20- und V 36-Einsätzen stellte sich einerseits die Dürftigkeit des Materials heraus; andererseits gab es aber eine solche Fülle von berichtenswerten Details, so daß ohne weiteres ein halbes Buch damit gefüllt werden könnte. Die nachstehend aufgeführten Beispiele sind denn auch unter subjektiven Gesichtspunkten ausgewählt worden, erheben keinen Anspruch auf Vollständigkeit, sondern sollen nur dazu dienen, die Ära dieser Wehrmachtslokomotiven etwas anschaulicher vorzustellen.

V 20 und V 36 waren in zahlreichen Bws Schleswig-Holsteins beheimatet. Lübeck hatte fast die ganzen fünfziger Jahre hindurch V 20 und V 36 im Bestand, Kiel um 1950 für einige Jahre sowohl V 20 als auch V 36. In Rendsburg gab es 1948 und 1949 V 20 und V 36, in Heide 1951 für einige Monate eine V 20, in Neumünster 1966/67 eine V 36. **Die** Bws für V 20 und V 36 waren aber Husum und Heiligenhafen. Wo überall *Husumer* V 20/V 36 unterwegs waren, läßt sich heute nicht mehr feststellen. Anzunehmen ist immerhin, daß man sie auf den Nebenstrecken von Niebüll nach Tondern (wenngleich nicht so früh, wie bei Bretschneider genannt), von Husum nach St. Peter-Ording und von Heide nach Büsum für einige Jahre im Einsatz beobachten konnte. Da Husum Anfang der fünfziger Jahre über einen relativ hohen V 20-Bestand verfügte, ist es durchaus denkbar, daß sogar V 20-Reisezüge gebildet worden sind. Nach St. Peter dürften die V 36-Züge auch in den frühen sechziger Jahren noch gefahren sein. Anschließend sah man die V 20 und V 36 aus Husum noch lange Zeit hindurch im Az-Dienst und im Bahnhofsverschub bis hinunter nach Glückstadt, denn noch immer standen vier bis fünf Maschinen beider Typen zur Verfügung, Mitte 1972 z. B. eine V 20 und vier V 36.

Ab Sommer 1950 besaß auch das *Bw Heiligenha-*

Die Dienste der Heiligenhafener V 36 schlossen auch die Arbeit im Fährhafen Großenbrode mit ein: Hier rangiert V 36 214 am 6. Juli 1958 einen CIWL-Schlafwagen an Bord der „Deutschland".

Die in Oldenburg beheimateten V 20 bedienten auch die Nebenstrecken rund um Oldenburg. Am 25. Mai 1959 war die V 20 055 mit einem Milchwagen unterwegs auf der Strecke Oldenburg – Brake (bei Oldenbrok).

fen V 20 und V 36, einige dieser Maschinen hielten sich bis zum Ende im Herbst 1963. Anfangs waren es zumeist ein bis zwei Loks jedes Typs, ehe sich dann die V 20 039 als einzige ihrer Art behauptete und sich der Bestand an V 36 bei durchweg vier Maschinen einpendelte. Typische Heiligenhafener V 36 der fünfziger Jahre waren die V 36 213 + 214, 219, 221 und 236. Mit der ersten V 20 oder V 36 wurde auf der Insel Fehmarn ab Sommer 1950 ein interessanter Plan im Wechsel mit den dort laufenden Triebwagen (im Laufe des Sommers kamen die ersten Uerdinger Schienenbusse) abgewickelt, wobei die Diesellok ab Sommer 1951 mit einem Zugpaar (P 3162/3163) auch auf das Festland bis zum Bw Heiligenhafen vorstieß. Kernstück des Planes waren aber die Pendelfahrten zwischen Burg/Fehmarn und Orth, im Sommer 1950 insgesamt sechs Zugpaare, darunter die drei gemischten Züge 9225 (Burg-Orth), 9229 (Burg-Orth) und 9228 (Orth-Burg). Die zweite Lok versah vor allem Güterzugdienste auf Fehmarn, dazu den P 3144 Burg-Fehmarnsund. Während der fünfziger Jahre intensivierten sich die V 36-Einsätze auf Fehmarn, aber auch die Personenzugdienste mit der V 20, am Ende bis Großenbrode fortgeführt, blieben bis in die sechziger Jahre. V 36 versahen Dienst im Fährbahnhof Großenbrode, nach dem Bau der Vogelfluglinie sogar in Puttgarden, wohin die letzten Fahrzeuge 1963 für eine Fahrplanperiode umbeheimatet worden waren.

Im Bereich der BD Hamburg gab es darüber hinaus den Stützpunkt *Hamburg-Harburg*, seit den fünfziger Jahren schon Heimat von zumeist mehreren V 20, zeitweise auch massiv mit V 36 (Anfang der sechziger Jahre) ausgestattet. In seiner Blütezeit hatte Harburg sieben bis acht V 20 im Bestand (Ende der sechziger bis Mitte der siebziger Jahre), und die letzten V 20 verließen ihr angestammtes Bw erst 1978.

In Niedersachsen waren die V 20 und V 36 in den späten vierziger Jahren in manchen Bws vertreten, wo man sie gar nicht vermuten würde: V 20 in Celle und Buchholz, V 36 in Lüneburg und Soltau, allesamt Einzelstücke, über deren Einsätze nichts bekannt ist. Insgesamt fünf V 20 waren zwischen 1947 und 1950 – teils nacheinander – in Cuxhaven zu Hause, in Soltau ab September 1948 bis Mitte der fünfziger Jahre acht verschiedene V 20 (im Sommer 1951 fünf Maschinen zur gleichen Zeit!), von denen man gern wissen würde, ob sie auch „auf Strecke" gelaufen sind. Hameln und Uelzen besaßen in der ersten Hälfte der fünfziger Jahre

Eine der wenigen V 36[4], die nicht in der BD Frankfurt zu Hause waren, war die Steinbecker V 36 418 mit Einheitskanzel. Sie war meistens mit einem Kranzug unterwegs, wie hier mit Wt 6807 im Bahnhof Altena (13. September 1964).

einzelne V 20 , Hildesheim war 1955 kurzzeitig V 20-Stützpunkt, doch all das läßt sich heute kaum noch im Detail weiter ergründen.

Die großen Bws der BD Hannover, in denen in den sechziger und siebziger Jahren V 36 (und einige V 20) zu Hause waren, sind schnell genannt. Neben Bremen und Bremerhaven-Lehe (siehe gesondertes Kapitel) handelt es sich vor allem um die Standorte Hannover (bzw. -Linden), Holzminden, Braunschweig, Göttingen und, bis Anfang der siebziger Jahre, Delmenhorst. Hinzu kommt das von der aufgelösten BD Münster stammende Bw Oldenburg. Zu erwähnen wäre auch noch das Bw Bielefeld, bis Anfang der siebziger Jahre Heimat von zumeist einer V 20 und einer V 36. Die *Oldenburger* V 20 (V 36 waren hier bis Anfang der siebziger Jahre stets in der Minderheit) leisteten neben Verschubaufgaben bis hinüber nach Leer oft auch Streckendienste auf den schwach frequentierten Nebenstrecken nördlich der Hauptbahn Bremen – Oldenburg – Leer. Streckeneinsätze gab es auch beim *Bw Holzminden*, Übergabefahrten auf allen Hauptbahnen ringsum, Rangierdienste bis nach Warburg, Nebenbahndienste bis Blomberg. V 36 215 war von 1957 bis 1977 Stammlok in Holzminden, wo sich 1970/72 nicht weniger als fünf Maschinen dieses Typs versammelten. Mit der Auflösung des Bws Holzminden im Winter 1977/78 kamen die letzten V 36 buchmäßig zum Bw Altenbeken.

Die Liste der in *Hannover* (anfangs Han Hgbf, dann Han-Linden, Hannover Hbf und zuletzt

Dieses Gespann verdient es, in Ruhe betrachtet zu werden. Zuglok des in den Bahnhof Wuppertal-Steinbeck einfahrenden Nahverkehrszuges aus Richtung Elberfeld ist die V 36 238 mit ihrer Eigenbau-Kanzel (März 1959).

Hannover 1) beheimateten V 36 ist lang, ihre Verweildauer in den meisten Fällen relativ kurz. In den fünfziger Jahren waren durchweg zwei V 36 dort zu Hause, in der ersten Hälfte der sechziger Jahre zwei bis drei, ab Mitte der sechziger Jahre dann bald fünf Loks, in der ersten Hälfte der siebziger Jahre allmählich auf bis zu zehn V 36 (31. 12. 75 z. B. V 36 109, 112, 121, 203, 209, 212, 216, 222, 232, 253) anwachsend, ein Bestand, der bis 1978 – dem Ende des V 36-Einsatzes in Hannover – auf vier zusammenschmolz. Die nur kurze Zeit währenden Einsätze der V 36 in Emden und das Gastspiel in Rheine (in Rheine Rbf war 1950 auch die V 20 001 zu Hause) sind bereits an anderer Stelle erwähnt.

In Westfalen und im Rheinland gab es mehrere Konzentrationen von V 36, in Finnentrop und in Wuppertal (-Steinbeck), darüber hinaus aber auch eine ganze Reihe von kurzzeitigen (bzw. frühzeitig schon wieder aufgegebenen) Stützpunkten für die V 36 bzw. die V 20. Eines dieser „frühen" V 20-Bws ist Bocholt (nacheinander zwei V 20 vom Winter 1949/50 bis zum Winter 1951/52), ein anderes ist Rheydt (1949/50). An beiden Standorten waren in jenen Jahren auch einzelne V 36 zu finden. Die Beheimatung der V 36 104 im Bw Remscheid-Lennep unmittelbar nach dem Krieg ist nur eine kurze Episode.

Erstaunlicher ist die Tatsache, daß *Hagen-Eckesey* immer wieder auch Heimat für eine oder gar mehrere V 36 war, wenngleich die meisten Beheimatungen in den Zeitraum Juni 1945 bis Oktober

1954 fallen, also „V 36-Frühgeschichte" sind, genauso wie der Aufenthalt der V 20 001 in diesem Bw von 1947 bis 1949.

Im eigentlichen Ruhrgebiet gab es kaum ehemalige Wehrmachts-Diesselloks. Hier wären allenfalls Oberhausen (und nach dessen Auflösung Hamm) zu nennen, Heimat-Bw für einzelne V 20, die sich im Az-Dienst verdingten, außerdem zeitweise die Dortmunder Bws.

Hingegen war das *Bw Wuppertal-Steinbeck* (später Bw Wuppertal) über 25 Jahre hinweg eine V 36-Hochburg. Da über die Einsätze dieses Bws andernorts ausführlich berichtet worden ist, sollen die dort genannten Details nicht wiederholt werden, wie auch auf eine nochmalige Präsentation der sattsam bekannten Bellingrodt- und Säuberlich-Fotos verzichtet werden soll, wie sie seit Erscheinen der Festschrift zum 100jährigen Bestehen der Eisenbahndirektion Elberfeld immer wieder publiziert worden sind. Die Einsätze der Wuppertaler V 36 im Nahverkehr (und zwar Wendezugbetrieb!) sind mit die frühesten in der ganzen V 36-Geschichte. Begonnen hatten die Dienste auf der „Bergisch-Märkischen" zwischen Wuppertal-Vohwinkel und Schwelm; 1949 wurden sie bis Gevelsberg verlängert und 1950 um die Wendezugdienste zwischen Wuppertal-Steinbeck und Wuppertal-Cronenberg erweitert. Anfang der fünfziger Jahre (Beispiel Sommer 1950) gab es Stundentakt auf der KBS 228k Wuppertal-Vohwinkel – Schwelm – Gevelsberg-Nord, mit Fahrzeiten von 46 Minuten für 23,2 km. Zwischen Vohwinkel und Schwelm wurde auf Halbstundenverkehr verdichtet. Zur Aufrechterhaltung dieses Planes wurden vier Garnituren benötigt. Eine fünfte Garnitur bediente die KBS 228g Wuppertal – Elberfeld – Wuppertal – Steinbeck – Cronenberg, bergwärts in 27 Minuten, in der Gegenrichtung in 25 Minuten (für 11,4 km), womit nur drei (Cronenberg) bzw. fünf Minuten Wendezeit (Elberfeld) „drin" waren.

Die auf der Talsohle (KBS 228k) verkehrenden Wendezüge mit V 36 wurden als erste ersetzt. Statt dessen gab es Dienste zwischen Köln und Bergisch-Gladbach (KBS 240b nach Rösrath – Hoffnungsthal), zwischen Vohwinkel, Velbert und Kettwig (KBS 228h), von Oberbarmen über Radevormwald, Oberbrügge und Brügge nach Lüdenscheid (KBS 229b und 240e) und von Oberbarmen über Gevelsberg nach Witten (KBS 228c). Spätestens zum Juli 1960 war mit all diesen Wendezugdiensten Schluß. Einige der genannten Strecken waren zu diesem Zeitpunkt längst auf Busbetrieb umgestellt (Vohwinkel – Kettwig und Teilstrecke Radevormwald – Oberbrügge), auf anderen regierte der Schienenbus (Köln – Bergisch-Gladbach, Oberbarmen – Radevormwald und Gevelsberg – Witten), und auf den verbliebenen Strecken kamen statt dessen V 100-Einheiten zum Einsatz.

Nach dem Verschwinden der Wendezüge gab es für etliche Wuppertaler V 36 noch immer genügend zu tun. Da war der umfangreiche Rangierdienst in den Wuppertaler Bahnhöfen, da gab es einzelne Übergabefahrten mit V 36, so daß die durchweg acht bis zehn V 36, die bis 1976 im Bestand des Bws Wuppertal verblieben, trotz allem beschäftigt waren. In den letzten Monaten wurden auch immer wieder V 36 zu Az-Diensten für das Gleislager Oplanden abkommandiert und gelangten dabei mit Bauzügen bis nach Koblenz. Weitaus bescheidener machten sich die Dienste beim *Bw Finnentrop* aus. Hier waren während der sechziger Jahre stets drei bis vier V 36 zu Hause, Anfang der siebziger Jahre dann sogar bis zu sechs

Links oben: Im Personenzugdienst kamen die Steinbekker V 36 1956 bis nach Köln.

Links unten: Die Finnentroper V-36-Dienste reichten bis Altena, wo die V 36 204 am 24. August 1964 vom Übergabebahnhof der Iserlohner Kreisbahn wieder hinüber auf die andere Lenneseite fährt.

Maschinen. Ihr Tätigkeitsfeld reichte auf der Ruhr-Sieg-Strecke hinauf bis Altena, wohin jeden Morgen eine V 36 von Finnentrop kam (31 km Hauptstrecke), den Bahnhofsverschub besorgte, ebenso die Übergabefahrten zur Iserlohner Kreisbahn, um dann am Nachmittag die Rückfahrt anzutreten. Anzunehmen ist, daß außer den umfangreichen Diensten auf dem weiträumigen Verschiebebahnhof in Finnentrop gelegentlich auch Streckendienste auf den von Finnentrop und Altenhundem ausgehenden Nebenbahnen anfielen. Ob die V 36 dabei jedoch bis nach Bestwig kam (wo zwei spätere Finnentroper Loks einige Jahre stationiert waren) ist fraglich, denn Bestwig verfügte stets über eine beachtliche Flotte von 86ern, die sogar V 36-Ersatzdienste in Altena verrichteten.

Die beim *Bw Kassel* beheimateten V 36 fuhren in den fünfziger Jahren auf fast allen Nebenstrecken rund um Kassel. Sie lagen hier jedoch stets in Konkurrenz mit den dort reichlich vorhandenen Vorkriegs-Akkutriebwagen und mit den leichten Nebenbahn-Dampfloks. Es wird wohl kaum eine Strecke gegeben haben, die „lupenrein" über einen längeren Zeitraum hinweg mit V 36-Reisezügen bedient worden ist. Die Kursbücher lassen in diesem Punkt kaum einmal eindeutige Aussagen zu. Überliefert sind immerhin einige Bilddokumente vom Einsatz auf der Strecke von Hümme nach Karlshafen, linkes Ufer, der KBS 198d aus 1958/59. – Bis Ende der sechziger Jahre verringerte sich Kassels Bestand an V 36 (vordem waren es stets um die fünf Maschinen) auf zwei und zeitweilig sogar eine Maschine, bedingt durch den damals einsetzenden Austausch mit dem *Bw Fulda*. Die V 36 blieben also letztlich in ihrer angestammten Region. Kassel und Fulda unterhielten bis 1977 parallel insgesamt fünf bis sechs V 36, die sich überwiegend im Az-Dienst bzw. als Reserveloks verdingten, ehe – wenigstens für kurze Zeit noch – das Bw Kassel als einziges übrigblieb. Die übrigen Einsätze von V 36 im Bereich der heutigen BD Frankfurt sind ebenfalls in einem besonderen Kapitel nachzulesen.

Einzelne V 36 dienten bis 1965 beim Bw Trier. Außerdem gab es in der Eifel V 36 ab Mitte der fünfziger Jahre für etwa zehn Jahre bei den Bws Gerolstein, Jünkerath und Kirn, wobei es sich teilweise um dieselben Loks handelt, die lediglich umgesetzt wurden. Auffällig ist, daß es sämtlich Nachkriegs-V 36 waren (im Bereich V 36 254 – 262). Bei der insgesamt geringen Stückzahl dürften diese Loks jedoch wohl kaum zu „Streckenehren" gekommen sein.

In Deutschlands Südwesten gab es – Stuttgart, Aalen, Mannheim/Ludwigshafen ausgenommen – kaum einmal größere V 20-/V 36-Einsätze. Nach dem Verschwinden der V 36 aus *Stuttgart* (siehe vorhergehendes Kapitel) kam zunächst eine V 20 hinzu, ab Mitte der sechziger Jahre noch zwei weitere Fahrzeuge dieses Typs, und erst seit Anfang der siebziger Jahre war das Bw Stuttgart auch wieder Heimat einiger (1975 sogar von sieben) V 36. Bis 1978 war der Bestand auf nur mehr eine V 36 reduziert worden.

Die *Aalener* V 36 dürften mit ziemlicher Sicherheit in den sechziger Jahren wenigstens im Güterverkehr auf Nebenstrecken zum Einsatz gekommen sein. 1969 zählten sechs Lokomotiven zum Bestand, Ende 1974 war Aalen kein Stützpunkt für V 36 mehr.

Bescheidene Streckendienste für die *Ludwigshafener* V 20 (hier waren ab Mitte der sechziger Jahre erstmals V 20 und V 36 – jeweils zwei – beheimatet) und Verschiebedienste auf den Rangierbahnhöfen im Großraum Mannheim (das Bw Mannheim war schon in den fünfziger Jahren ein kleiner V 36-Stützpunkt und vergrößerte seinen Bestand an V 36 bis Mitte der siebziger Jahre auf maximal fünf Einheiten) waren das tägliche Brot für die zwischen beiden Bws hin und her pendelnden V 36.

Ob die Offenburger V 36 1950/51 auch Personenzugdienste auf der KBS 302b Baden-Oos – Baden-Baden gefahren haben, wie es bei Bretschneider angeführt ist, ist fraglich, denn hierfür gibt es keinen Anhaltspunkt in den Kursbüchern, wie andererseits auch das Bw Offenburg erst ab No-

V 36 105 muß im Juli 1959 noch zweimännig gefahren werden. In Trendelburg (Strecke Hümme – Karlshafen) ist Planhalt.

vember 1950 (bis Ende 1952) über maximal zwei V 36 verfügt hat, so daß im Sommer 1950 auf keinen Fall solche Dienste bestanden haben können. Heidelberg, Friedrichshafen, Karlsruhe, Kaiserslautern, Heilbronn, Kornwestheim und Konstanz hatten – teils nur für wenige Wochen – maximal zwei V 36 in ihrem Bestand, zumeist schon in den fünfziger Jahren.

Interessanter wird es, wenn man hinüber nach Bayern schaut. Hier fallen gleich eine ganze Reihe von V 20- und V 36-Bws mit größeren Stückzahlen auf. München und Nürnberg ragen deutlich als Stützpunkte heraus, doch auch in Bamberg, Rosenheim, Freilassing und Ansbach gab es – wenigstens zeitweilig – V 36-Dienste außerhalb des örtlichen Verschubs. Das *Bw München Hbf* war es immerhin, das die ersten V 36 mit Kanzel erprobte und in den folgenden Jahren zur Serienreife entwickelte. Nürnberg zog nach, so daß in Bayern und Franken frühzeitig schon erfolgreich mit V 36-Wendezügen auf wechselnden Strecken operiert werden konnte. Die wechselweise in München, Rosenheim und Freilassing beheimateten V 36 waren in den fünfziger Jahren auf einer ganzen Reihe von nicht elektrifizierten Nebenstrecken entlang der Hauptachse München – Salzburg zu Hause. Die damals in Rosenheim stationierte V 36 120 z. B. lief im Oktober 1954 auf der Nebenbahn Prien – Aschau.

Einiges Gewicht hatten die V 36-Einsätze des *Bw Nürnberg Hbf*, wo frühzeitig schon ein Teil des Vorortverkehrs verdieselt worden war. V 36[1] waren ab November 1945 in Nürnberg Hbf zu Hause, bis 1953 meistenteils drei Maschinen, ab 1954 bis

Die Stuttgarter V 20 050 beim Rangierdienst (31. Mai 1967).

1962 sogar vier oder fünf. Ein wenig neidisch schielte man wohl Anfang der fünfziger Jahre nach Frankfurt, wo mit einem Schlag so viele fabrikneue V 36 eintrafen, während man selber – wie der Jahresbericht 1949 vermerkt – die „Vollmotorisierung einer Strecke" aus Fahrzeugmangel hatte abbrechen müssen. Erfolgreicher war dann der Versuch, das Münchner Beispiel mit den Kanzeln nachzuahmen, so daß Nürnberg das zweite Bw für diese streckentauglichere Version wurde. Die V 36 dort werden wohl meistenteils im Wechsel mit Dampfzügen und Schienenbussen den Nebenbahndienst rund um Nürnberg abgewickelt haben. Herausragen die Einsätze auf der KBS 414b nach Cadolzburg, wo lange Jahre hindurch in Doppelbespannung (eine Lok an jedem Zugende) gefahren wurde. – Später wurde Nürnberg (allerdings das Bw Rbf) erneut V 36-Stützpunkt, mit maximal vier Maschinen in der ersten Hälfte der siebziger Jahre, doch waren es zu diesem Zeitpunkt nur noch Verschubaufgaben, die diese Loks zu bewältigen hatten.

Mit Bamberger V 36 wurden wahrscheinlich auch die Nebenbahnen im Raum Forchheim (Heiligen-

Die V 36 104 war von 1950 bis 1975 in München Hbf stationiert und war damals auf vielen Strecken im weiteren Umkreis zu sehen (Bf Dachau).

stadt und Behringersmühle) im Personenverkehr bedient, was später zum Revier der V 80 wurde. Nebenbahndienste auf den Nebenbahnen im Raum Gemünden – hier waren 1950–1954 in der Regel zwei V 36 beheimatet – sind ebenfalls wahrscheinlich.

Hingegen ist es fraglich, ob die für 1951 beabsichtigte Verdieselung des Reisezugverkehrs auf den Nebenstrecken rund um *Passau* wenigstens für kurze Zeit Wirklichkeit geworden ist. Passau gab nämlich im Mai 1950 seine einzige V 20 ab, bekam Ende 1951 zwei andere Loks dieses Typs und reduzierte seinen Bestand ab Februar 1953 auf eine einzige V 20 (bis zur Abgabe auch dieser Lok im August 1962). Immerhin sollte auf das „V 20-Dorado" in der Oberpfalz an dieser Stelle etwas näher eingegangen werden. Es gab damals neben Passau noch andere V 20-Bws: Schwandorf, Plattling, vorher auch schon Weiden und immer wieder auch den Stützpunkt *Regensburg*. Die meisten der im Bereich der ehemaligen BD Regensburg eingesetzten V 20 wurden dort von Bw zu Bw gereicht. Nur in Regensburg selbst hielten sie sich lange, genauer bis 1976, als die letzten drei Vertreter, die vorwiegend im Az-Dienst verwendet wurden, nach Hannover überwechselten.

Die übrigen Bws für V 20 und V 36 in Deutschlands Südosten sollen nur kurz angerissen werden. Die V 20 war vorübergehend in München (1947 und 1949/50), in Ingolstadt (1949), in Neuenmarkt-Wiersberg (1954/55 und 1956/65), in Bamberg (1946/51), in Ansbach (1950/62) und Nürnberg (1946/50), einzelne V 36 in Ingolstadt (1963), Neuenmarkt-Wiersberg (1955/56), Fürth (1945) und Plattling (1950 und 1951). Daneben war Garmisch 1951 bis 1955 Heimat von bis zu zwei V 36, Mühldorf ebenso von 1954 bis 1957. Und in Passau waren von 1949 bis längstens Mai 1951 insgesamt vier V 36 zu Hause.

Wenn man sich die Stationierungsdaten der V 20 und V 36 durchschaut, dann stößt man wahrscheinlich noch auf andere interessante Details. Man könnte z. B. sämtliche Bw-Verlagerungen beschreiben, könnte auch für jedes Bw die Bestände in graphischer Form festhalten. Auf eine Übersicht über die zu verschiedenen Zeitpunkten bestehende Verteilung der V 20 und V 36 wurde verzichtet. Dies wäre nur reizvoll, wenn man solche Listen bis Ende der vierziger Jahre zurückverfolgte. Doch da gibt es – wenngleich kleine – Lücken bei schon früh verkauften Diesselloks. Und – was noch viel gravierender ist – bei den vielfach nur geringen Stückzahlen und den wechselnden Stützpunkten (die oftmals nur für einige Jahre V 20 oder V 36 beherbergt haben), würde eine solche Liste, sollte sie überhaupt Aussagekraft besitzen, in jedem Fall sehr lang und damit selbst wieder unübersichtlich werden. Aus diesem Grund sind nur beispielhaft drei Stationierungen aus der Zeit von 1964 bis 1976 aufgeführt.

Stationierungen V 20/V 36

Stationierung per (V 20/V 36)	01.12.64 31/89	01.07.72 31/88	31.12.76 17/54
Aalen	0/3	0/2	0/0
Ansbach	0/3	0/0	0/0
Augsburg	1/0	0/0	0/0
Bayreuth	1/0	0/0	0/0
Bielefeld	1/1	1/1	0/0
Braunschweig	3/0	2/0	0/0
Bremen Rbf	0/0	0/0	1/2
Bremerhaven-Lehe	0/2	0/2	0/0
Darmstadt	0/2	0/0	0/0
Delmenhorst	2/5	1/2	0/0
Emden	0/0	0/1	0/0
Finnentrop	0/3	0/6	0/0
Frankfurt (Griesh./1)	0/7	0/11	0/8
Fulda	0/0	0/4	0/3
Gießen	0/4	0/5	0/0
Göttingen	0/0	3/1	1/0
Hamm	0/0	0/0	2/0
Hanau	0/3	0/3	0/3
Hannover (Linden/Hbf)	1/5	2/4	2/7
Harburg	4/6	8/0	6/1
Holzminden	2/1	0/5	0/5
Husum	2/1	1/4	0/0
Kassel	0/5	0/1	0/2
Ludwigshafen	2/2	2/2	2/0
Mannheim	0/2	1/4	0/1
München Hbf	0/8	0/9	0/3
Nürnberg	0/0	0/4	0/0
Oberhausen	1/0	1/0	0/0
Oldenburg Hbf	4/2	3/1	0/1
Regensburg	3/0	3/0	0/0
Stuttgart	1/0	3/0	3/5
Trier	0/2	0/0	0/0
Villingen	0/0	1/0	0/0
Wuppertal (Steinbeck/-)	0/8	0/8	0/8
AW-Loks	2/14	0/8	0/5

Die V 20 und V 36 bei deutschen Privat- und Museumsbahnen

Bescheidene Dienste: V 20/V 36 in Hamburg und Schleswig-Holstein

Bahn	Betr.-Nr.	Bauart	Hersteller	Baujahr	Fabrik-Nr.	Motor
KND	KL 1	V 20	Schwartzk.	1941	11 393	?
AKN	V 1	V 36	Deutz	1948	46 837	KHD V6M 436
BGE	V 2	V 36	Deutz	1948	46 838	KHD V6M 436
BGE	V 3	V 36	O & K	1940	21 342	MWM RH 235s

KND: Für die 1951 im Zusammenhang mit dem Umbau der Mole in Dagebüll anfallenden Transportaufgaben, später dann für den Rangierverkehr an den beiden Strecken-Endpunkten, übernahm die *Kleinbahn Niebüll-Dagebüll/Nordfriesische Verkehrsbetriebe AG* eine ehemalige Wehrmachts-V 20 (ex RAF, Works Area Germany AMWD 2. TAF Flugplatz Westerland), die dann bis 1961 treue Dienste bei der Kleinbahn leistete, ehe sie 1962 an den Schrotthändler Kloß in Minden verkauft wurde. Von Kloß kam 1963 leihweise eine weitere V 20 aus derselben Bauserie (Fabr.-Nr. 11 381-39), die Fabriknummer 11 396, auch sie wohl eine ehemalige Flugplatzlok. Eigentlich sollte die ohne jedes Eigentumsmerkmal eingesetzte Lok nur in der Sommersaison aushelfen, wurde dann aber bis zum Frühjahr 1964 in Niebüll hinterstellt und an den Vermieter zurückgegeben.

AKN-V 1: Die beiden Deutzloks von 1948 sind V 36-Nachbauten, die die *Eisenbahngesellschaft Altona-Kaltenkirchen-Neumünster* 1948 für ihre eigene Stammstrecke (V 1) bzw. für die von ihr mitbetriebene *Bergedorf-Geesthachter Eisenbahn* (V 2) geliefert bekam. V 1 wurde – wie die

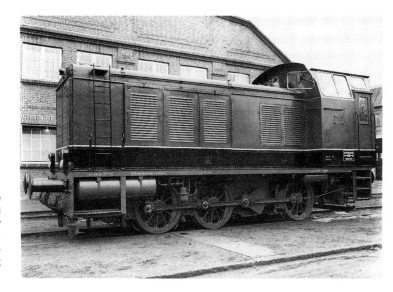

Die 1940 bei O & K gebaute V 36 wurde 1948 als V 3 bei der Bergedorf-Geesthachter Eisenbahn in Dienst gestellt. Ende 1955 wurde die mittlerweile zur AKN gehörende Lok bei MaK modernisiert.

Schwestermaschine V 2 und die ehemalige Wehrmachts-V 36 V 3 der BGE – Mitte der fünfziger Jahre bei MaK in Kiel umgebaut, wobei der Führerstand vergrößert und vor allem mit einer höheren Kanzel ausgestattet wurde. Bei der Umzeichnung bekam die V 1 die Betriebsnummer 2.001. Sie wurde 1967 ausgemustert.

BGE-V 2: Wie die V 1 von AKN, stimmte auch die V 2 in ihren Abmessungen und Gewichten mit der „klassischen" V 36 überein: Achsstand 2600 + 1350 mm, LüP 9200 mm, Gewicht 40 t. Die AKN ließ die Lok mit den beiden anderen V 36 umbauen und reihte sie per 6. 6. 56 – nach erfolgter Übernahme der BGE – als V 2 006 in ihren Bestand ein. Am 17. 7. 73 wurde die Lok an die Gleisbaufirma Rapp verkauft, und von dort gelangte sie zur *Andritzer Schleppbahn* nach Österreich (V 4).

BGE-V 3: Diese ebenfalls 40 t schwere V 36 wurde 1948 von der AKN für die BGE erworben und als BGE-V 3 in Dienst gestellt. Der Umbau bei MaK (größeres Führerhaus, höhere Kanzel) ist in einer Bildreihe im MaK-Archiv festgehalten. Damit läßt sich der Abschluß des Umbaus auf den 17. 11. 55 fixieren (Datum der bei MaK vorgenommenen Hauptuntersuchung). Auch diese BGE-Lok wurde mit Wirkung vom 6. 6. 56 als AKN-Eigentum geführt (zunächst V 6, dann V 2.007). Am 26. 3. 69 wurde die Lok an den Lauenburger Schrotthandel verkauft.

Ein V 36-Paradies: Die Verkehrsbetriebe Grafschaft Hoya

Betr.-Nr.	Hersteller	Baujahr	Fabrik-Nr.	ex DB-V 36		ausgemustert
001	Henschel	1941	26 140	07/63	ex V 36 116	1981
002	Schwartzk.	1940	11 211	1965	ex NATO	1981
003	O & K	1938	20 917	1967	ex V 36 002	1976
004	Deutz	1943	39 628	11/76	ex V 36 222	–
005	Deutz	1944	37 179	03/78	ex V 36 237	–
006	MaK	1950	360 021	05/79	ex V 36 412	–
007	Schwartzk.	1943	12 051	05/79	ex V 36 213	–
008	Schwartzk.	1942	11 647	09/82 11/77	ex BOE 282, ex V 36 114	–

Drei Bilder aus dem „V-36-Paradies" Hoya: V 36 001 (ex DB V 36 116) ist soeben mit einem Güterzug aus Richtung Hoya im noch nicht ganz umgespurten Bahnhof von Bruchhausen-Vilsen eingetroffen (24. Juli 1965).

Mit der Umspurung der vormals meterspurigen Kleinbahn Hoya-Syke-Asendorf in ihrem Hauptteil Hoya – Syke begann 1963 für diese Bahn ein neuer Abschnitt. Die im gleichen Jahr vorgenommene Fusion mit der zweiten in Hoya ansässigen Privatbahn, der Hoyaer Eisenbahn-Gesellschaft, legte den Grundstein für die Verkehrsbetriebe Grafschaft Hoya, VGH. Die von der Hoyaer Eisenbahn-Gesellschaft eingebrachten beiden Original-T 3 reichten für die neue Normalspurstrecke nicht aus, so daß eine erste V 36 beschafft wurde. Diesem Fahrzeugtyp blieben die VGH in den Folgejahren treu. Bis Mitte der sechziger Jahre waren es bereits drei Maschinen dieses Typs, und mit Auslaufen der V 36-Dienste bei der DB wurde – sozusagen „auf Vorrat" – eine ganze Flotte von V 36 preiswert hinzugekauft, so daß Anfang der achtziger Jahre vier betriebsbereite Dieselloks bereit standen. Nun soll bei alledem nicht der Anschein erweckt werden, als seien diese Käufe in jedem Fall ausgesprochene Glückstreffer gewesen. „Gekauft wie besehen", so geht es nun einmal auch bei alten Dieselloks, und so ist nicht weiter verwunderlich, daß immer wieder auch einmal eine Diesellok als vorübergehend betriebsunfähig abgestellt werden mußte, ehe die Werkstatt dazu kam, Reparaturen an ihr vorzunehmen. Immerhin: man verfügte ja über genügend Reservefahrzeuge.

Das Güterverkehrsaufkommen der VGH entspricht dem einer typischen Bahn im ländlichen Raum, mit ausgeprochenen Spitzen im Herbst zur Rübenkampagne. Ansonsten reicht ein werktägliches Zugpaar aus, wobei es immer wieder vorkommt, daß nicht bis Syke durchgefahren wird, sondern bereits vorher – mangels Fracht – Richtung Hoya (– Eystrup) gewendet wird.

Dem fotografierenden Eisenbahnfreund beschert die Bahn vor allem auf Strecke immer wieder reizvolle Motive, und nachdem Streckendienste bei der DB ja nun schon lange nicht mehr mit der V 36 abgewickelt werden, entschädigt diese Bahn wenigstens für diesen Verlust. Hier wird auch auf eindrucksvolle Weise das Vorurteil widerlegt, V 36-Züge seien langweilig. Das typische Brummen der Lok, die gedrungene Form, das gepflegte

V 36 004 (ex DB V 36 222) nähert sich am 28. Juli 1982 dem Zielbahnhof Bruchhausen-Vilsen.

Äußere – Beleg für die sorgsame Pflege, die die Hoyaer Werkstatt den Loks zuteil werden läßt – und vor allem: ein richtiger Zug am Haken, dies alles möge uns noch lange erhalten bleiben.

V 20/V 36 bei anderen niedersächsischen Privatbahnen

Bahn	Betr.-Nr.	Bauart	Hersteller	Baujahr	Fabrik-Nr.	Motor
OHE	00601	V 20	Schwartzk.	1941	11 399	KHD A6M 324
OHE	00602	V 20	Deutz	1942	36 659	KHD A6M 324
BOE	V 261	V 20	Schwartzk.	1941	11 395	KHD A6M 324
VWE	V 262	V 20	Gmeinder	1947	4275	MWM RHS 4260
StMB	V 262	V 20	Deutz	1943	39 643	KHD A6M 324
StMB	V 271	V 36	Schwartzk.	1939	11 255	MWM RHS 235s
BHE	V 276	V 36	Schwartzk.	1941	11 449	KHD V6M 436
BOE	V 278	V 36	O & K	1938	20 912	KHD V6M 436
WZTE	V 279	V 36	Schwartzk.	1943	12 032	KHD V6M 436
BOE	V 282	V 36	Schwartzk.	1942	11 647	MWM RHS 235s

Wie die vorstehende Liste zeigt, sind auch außerhalb des Raumes Hoya eine ganze Reihe von V 20 und V 36 in Niedersachsen im Einsatz gewesen. Die Nummernreihen deuten bereits einen Zusammenhang an: 261 ff (V 20) bzw. 271 ff (V 36). Diese Einordnung rührt aus der Zeit der gemeinsamen Betriebsführung durch das Niedersächsische Landes-Eisenbahnamt in Hannover her. Auch nach der Auflösung des Landes-Eisenbahnamtes behielten die meisten Bahnen das NLEA-Nummernschema bei und reihten Neuerwerbungen entsprechend ein. Hingewiesen sei in diesem Zusammenhang auf die Doppelbesetzung der V 262 bei der Steinhudermeerbahn und der Verden-Walsroder Eisenbahn.

Die ehemalige Wehrmachtslok **00601** blieb nur kurz bei der *Osthannoverschen Eisenbahn* (OHE). 1953 wurde sie an die *Neukölln-Mittenwalder Eisenbahn* (NME) weiterverkauft, und diese setzte die 25 t schwere Lok auch 1980 noch ein. – Hingegen versah die zweite V 20 der OHE lange Jahre hindurch den Rangierdienst im Raum Celle und tauchte mehrfach auch bei der nach Auflösung des NLEA von der OHE mitbetriebenen Steinhudermeerbahn im Güterzugdienst Richtung Bokeloh auf.

Die **V 261** der *Bremervörde-Osterholzer Eisenbahn* hatte bis 1945 auf dem Flugplatz Seedorf im Einsatz gestanden. Bei der BOE versah sie bis 1961 leichte Zugdienste, wurde dann an die ebenfalls zum NLEA gehörende *Lüchow-Schmarsauer Eisenbahn* (LSE) abgegeben und kam von dort zum Verein Braunschweiger Verkehrsfreunde (BLME).

Bei der **V 262** der *Verden-Walsroder Eisenbahn* handelt es sich um einen V 20-Nachbau von Gmeinder. Die Lok war 1956 von Ebano Asphalt Harburg für 42 000 DM mit schadhaftem Motor erworben worden. 1958 bekam die Lok einen 180-PS-Diesel von Deutz (A8M 517) eingebaut. Bei der VWE war die Lok im Wechsel mit den anderen Dieselloks der Bahn teils auf dem Streckenteil Walsrode – Böhme, teils auf dem Streckenteil Verden – Stemmen im Güterzugeinsatz. In Walsrode rangierte sie zeitweise auch für die DB. Derzeit steht sie – mittlerweile auf V 2 umgezeichnet – mit den beiden anderen Dieselloks für den Güterverkehr im Raum Verden – Eitze zur Verfügung. Über Eitze hinaus bis Stammen wird bekanntlich kaum noch Güterverkehr abgewickelt.

Die **V 262** der *Steinhudermeerbahn* hatte bis 1964 bei der US Army im Raume Mannheim gedient und versah seither die Hauptlast des Güterverkehrs auf dem stets normalspurigen Streckenteil von Wunstorf nach Bokeloh. Im Frühjahr 1985 gelangte sie im Tausch gegen die V 33 (MaK 1955/220 030) der Schleswiger Kreisbahn an die Museumseisenbahn Paderborn MEP, wo sie nach erfolgter Hauptuntersuchung als V 20 042 auf der Museumseisenbahn Paderborn – Büren (Ersteinsatz 26. 5. 85) zu sehen ist.

Relativ kurz währte die Existenz der zweiten ex-Wehrmachts-Diesellok der *Steinhudermeerbahn* in Norddeutschland. Die **V 271**, vor 1954 als „Wildau 4" bezeichnet (möglicherweise die

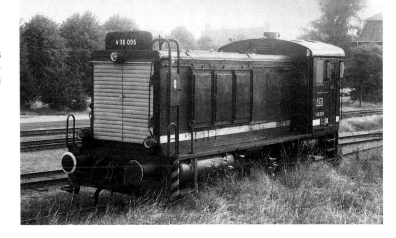

Oben: Hinter der V 36 006 verbirgt sich die Bundesbahn-V 36 412 (Hoya, 28. Juli 1982).

Aus Wehrmachtsbeständen übernahm die OHE die DL 00602 (Juni 1964).

4. Lok, die dieser Heeres-Truppenteil von Schwartzkopff aus Wildau bezogen hatte), wurde 1954 erworben und 1962 an die *Taunusbahnen (Frankfurter Lokalbahn AG)* weiterveräußert. Dort sah man die Lok als Betriebsnummer 2018 mit aufgesetztem Scherenstromabnehmer zum Auslösen der Signal- und Weichenkontakte bis 1981 im Güterverkehr. Vorgesehen ist die 1981 abgestellte Lok für das Straßenbahnmuseum Schwanheim.

Die **V 276** der *Buxtehude-Harsefelder Eisenbahn* gibt ein Rätsel auf. In der Bahngeschichte (Bohlmann/Kästner, Gifhorn 1978) wird die Herkunft einfach als „bis 1953 DB" bezeichnet. Es gibt jedoch keine Anfang der fünfziger Jahre verkaufte V 36 dieser Fabriknummer. Möglich – wenngleich nicht wahrscheinlich – wäre der Gedanke, daß es sich hier um eine der bei Gottwaldt genannten drei V 36 handelt, die die Deutsche Reichsbahn schon in den vierziger Jahren für den Rangierverkehr im Hamburger Hafen beschafft hat. Wie dem auch sei, am 21. 8. 53 wurde die Lok von der DB an die Frankfurter Hafenbahn weiterverkauft, von dort gelangte die Lok zur Deutsch-

101

Im September 1964, zum Zeitpunkt dieser Aufnahme der BOE-V 278, stand der Wasserturm in Bremervörde noch.

Überseeischen Petroleum AG in Hamburg (D 8), wo sie eine Explosionsschutzeinrichtung bekam (dies stellt übrigens die Hypothese ex DR/Hafenbahn Hamburg wieder in Frage, denn in Hamburg dürfte man ja wohl den Typ WR 360 C 14 **K** bestellt haben), und über die Firma F. G. Eickens in Bremen wurde die Lok schließlich für 85 000 DM am 28. 6. 61 an die BHE verkauft. Hier leistet sie nach wie vor einen Teil des anfallenden Güterverkehrs.

Die beiden V 36 der *Bremervörde-Osterholzer Eisenbahn* sind ehemalige Bundesbahn-V 36. Hinter der **V 278** verbirgt sich die vormalige V 36 001 → V 36 239, also die in drei Exemplaren von der DB übernommene Versuchsausführung mit nur 3600 mm Achsstand (WR 360 C 12). Die ursprünglich für die Organisation Todt gebaute Lok lief ab 14. 6. 62 im Eigentum der BOE und versah hier bis Mitte der siebziger Jahre einen Großteil des anfallenden Güterverkehrs und gelegentlich auch aushilfsweise Personenzugdienste. Die 1978 abgestellte Lok wurde 1980 verschrottet. 1962 kam auch die *Wilstedt-Zeven-Tostedter Eisenbahn* zu einer V 36, der ehemaligen Flugplatzlok von Heesen. Als **V 279** war sie sowohl auf der WZTE selber als auch bei anderen ex-NLEA-Bahnen im Einsatz. So weilte sie z. B. von Dezember 1964 bis März 1965 bei der Steinhudermeerbahn. Im September 1971 wurde die V 279 an den Zwischenhändler Glaser verkauft, der sie nach Genua weiterveräußerte.

Auch die zweite V 36 der BOE, die **V 282** ex DB

V 36 114, ist mittlerweile nicht mehr bei ihrer ursprünglichen Besitzerin im Einsatz. Bald nach der Z-Stellung im November 1977 hatte die BOE die Lok erworben, verwendete sie jedoch nur vergleichsweise wenig, ehe die *Verkehrsbetriebe Grafschaft Hoya* (VGH) die Lok angeboten bekamen. Im September 1982 wechselte die V 36 nach Hoya über, wo sie die Betriebsnummer V 36 008 zugeteilt bekam.

Lebenslauf der V 20/V 36 der Deutschen Eisenbahn-Gesellschaft (DEG)

Betr.-Nr.	Bau-art	Hersteller	Bau-jahr	Fabrik-Nr.	Motor
V 21	V 20	Deutz	1943	36 623	KHD A6M 324
V 22	V 20	Jung	1942	9582	MWM 326s
V 23	V 20	Schwartzk.	1941	11 392	MAN W6V 17,5/22
V 31	V 36	O & K	1941	21 461	KHD V6M 436

V 21: war ursprünglich für den Einsatz in Afrika vorgesehen, daher rührt der bei der Übernahme vorhandene khakifarbene Anstrich. Bis Kriegsende war die Lok bei der Munitionsanstalt Wolfhagen und gelangte dann via STEG 1946 oder 1947 zur *Kleinbahn Kassel-Naumburg*. (KN). Die Kleinbahn Kassel-Naumburg verlieh die Lok 1948–51 an die *Kleinbahn Kaldenkirchen-Brüggen*, 1953–57 an die *Rinteln-Stadthagener Eisenbahn* (RStE) und 1964 an die *Reinheim-Reichelsheimer Eisenbahn* (RRE) bzw. deren Rechtsnachfolgerin, die *Eisenbahn Reinheim-Groß Bieberau* (RGB). 1967 kaufte RGB die Lok, verwendete sie weiterhin auf der fast nur noch als Werksbahn für die Mitteldeutsche Hartstein-Industrie genutzten Rest-RRE, und 1972 schließlich wechselte die einstmalige V 21 KN zum Werk Steinhelle der Mitteldeutschen Hartstein-Industrie über. Am 21. 7. 77 wurde sie an die Fa. Lenze im benachbarten Olsberg zur Verschrottung verkauft.

V 22: wurde 1949 von der DEG als V 22 in Dienst gestellt, ab 1950 bei der *Farge-Vegesacker Eisen-*

Die V 21 von Kassel-Naumburg lief am 14. April 1962 vor einem Personenzug Richtung Naumburg.

Der erhöhte Standpunkt erlaubt einen interessanten Blick auf die V 23 der TWE (Lengerich, 16. Mai 1964).

bahn (FVE) und seit 1961 bei der *Teutoburger Wald-Eisenbahn* (TWE) verwendet. Die TWE benutzte die Lok relativ selten, zumeist im Verschub oder vor Nahgüterzugleistungen im Raum Lengerich. Vom 22. 9. 65 bis zum 15. 4. 66 nahm die DEG-V 22 den Streckenabbruch der Konzernbahn HPKE *(Hildesheim-Peiner Kreis-Eisenbahn)* vor, war – wie schon mehrfach zuvor – im Mai und Juni 1967 beim Landmaschinenhersteller und TWE-Anschließer Claas in Harsewinkel als Werkslok und wurde per 26. 5. 70 z-gestellt. Am 29. 11. 73 verkaufte die DEG die Lok an die Münchner Fa. Glaser.

V 23: – ebenfalls eine Wehrmachtslok – kam 1946 über die STEG (Staatliche Erfassungsstelle für Wehrmachtsgut) zum Betriebszweig *Filderbahn* der *Stuttgarter Straßenbahn* (V 3). Am 7. 9. 63 rollte sie per Tieflader von Stuttgart nach Lengerich, nachdem die TWE die Lok für 27 000 DM erworben hatte. Auch diese Lok wurde in Lengerich relativ wenig eingesetzt. Hervorzuheben ist der leihweise Einsatz bei *Reinheim-Groß Bieberau* vom 14. 3. 67 – 10. 6. 67, während die V 21 in Kassel zur Hauptuntersuchung weilte. Auch hier verzeichnet das Betriebsbuch eine Vermietung an Claas, Harsewinkel, und zwar vom 12. 6. bis zum 20. 7. 67. Ab 23. 9. 67 half die Lok kurzzeitig auch bei der RStE aus. 1970 wurde sie abgestellt und am 19. 12. 73 verschrottet.

V 31: Wie die V 21, war auch die V 31 zuvor bei der Muna Wolfhagen im Einsatz. Die *Kleinbahn Kassel-Naumburg* (KN) erwarb die Lok 1947, setzte sie bis 1954 auf ihrer eigenen Strecke ein, verlieh sie dann an die *Rinteln-Stadthagener Eisenbahn* (RStE), und diese kaufte die Lok dann 1956. Die RStE ihrerseits vermietete die V 31 von 1959 bis 1961 an die *Farge-Vegesacker Eisenbahn* (FVE). Anschließend verwendete die RStE die V 31 vornehmlich im Rangierdienst im Raum Rinteln. Angesichts der bei der RStE traditionell schweren Züge war die V 31 im Streckendienst so gut wie nie zu sehen, allenfalls bei Ausfall des zweiten Triebwagens dürfte sie Anfang der sechziger Jahre mitunter unterwegs gewesen sein. 1982 kauften die Eisenbahnfreunde Salzgitter die RStE-V 31.

V 36 bei Privatbahnen in Hessen

Bahn	Betr.-Nr.	Hersteller	Baujahr	Fabrik-Nr.	Motor
Grifte	–	O & K	1939	21 128	KHD V6M 436
Gelnh.	10	Deutz	1948	47 184	KHD V6M 436

Eine ehemalige Wehrmachtslok und ein V 36-Nachbau, das ist alles, was auf den hessischen Privatbahnen außerhalb des DEG-Bereichs unterwegs war. Bei der *Kleinbahn Grifte-Gudensberg* war die Anschaffung der vormals bei der Munitionsanstalt (Muna) Ederbrinkhausen eingesetzten O & K-Lok der Versuch, auf eigenen Beinen zu stehen. Immerhin war diese Bahn

V 36 von Grifte-Gudensberg bei der Einfahrt in den Bahnhof Grifte (5. März 1965).

Unten: Der Deutz-Nachbau V 10 der Gelnhäuser Kreisbahnen bekam wohl Mitte der fünfziger Jahre eine (bei der DB überflüssig gewordene?) Primitivkanzel (Wächtersbach, August 1963).

bettelarm und hatte in den dreißiger Jahren ihr Heil im Henschel-Schienenbus gesucht. Sie war immer wieder gezwungen, was die Übernahme von Zugdiensten anging, mit der Reichsbahn und später mit der Bundesbahn zusammenzuarbeiten, und bei alledem kam sie doch nie auf einen grünen Zweig. Es reicht, sich die V 36 aus der Nähe zu betrachten, auf ihr mitzufahren. Da ist nichts modernisiert worden, ist alles noch so wie zu Wehrmachts Zeiten. Nur das, was durch die neue BO vorgeschrieben war, wurde umgebaut, ansonsten blieb die Lok original erhalten. Sie mußte zweimännig gefahren werden. Der abenteuerliche Zebra-Look rührte daher, daß die Kleinbahn sich den Luxus beschrankter oder mit Blinklichtern versehener Bahnübergänge nicht leisten konnte, so daß der Warnanstrich und eine möglichst große Geräuschentfaltung, verbunden mit Schrittgeschwindigkeit, ausreichen mußten. Viel geholfen hat es schließlich auch nicht. 1955 (andere der wenigen Quellen nennen 1947) war die Lok als einziges Streckenfahrzeug in Dienst gestellt worden, und schon 1966 gab die Kleinbahn auf. Es lohnte nicht mehr. Kurzzeitig versah die Bundesbahn Güterzugdienste, wie sie es all die Jahre immer wieder hatte tun müssen, und dann wurde die Kleinbahn doch demontiert.

Die V 10 der *Gelnhäuser Kreisbahn* gibt einige Rätsel auf. Es muß sich hier um einen V 36-Nachbau handeln, doch erhebt sich die Frage, wie diese Lok an die Primitivkanzel (mit entsprechend höhergelegten Bedienungseinrichtungen im Führerstand) kam, wie sie die DB Anfang der fünfziger Jahre für kurze Zeit erprobte. Und: woher kam die Lok 1953, dem Jahr der Indienststellung bei der GKB? Bei der Gelnhäuser Kreisbahn war die Lok nach der Indienststellung der wendigeren MaK-Dieselloks kaum noch auf Strecke zu sehen. Mitte der sechziger Jahre stand sie durchweg in Wächtersbach im Schuppen, und 1969 verkaufte sie die Gelnhäuser Kreisbahn an die Städtischen Häfen Hannover. Die Hafenbahn setzte sie als Lok 9 im Nordhafen ein, doch hörte man schon Anfang der siebziger Jahre nicht mehr viel von dieser V 36. Wahrscheinlich war sie damals bereits abgestellt.

Zuflucht für die Bundesbahn-V 36[3]: Die Mindener Kreisbahnen

Betr.-Nr.	Baujahr	Fabrik-Nr. DWK	ex DB-V 36	Übernahme	in Dienst bei MKB	ausgemustert bei MKB
V 6	1941	692	V 36 318	08/54	Anf. 55	29.11.74
V 7	1940	689	V 36 312	08/54	12/55	08.10.77
V 8	1941	691	V 36 314	09/54	1956	04.01.77
V 9	1940	688	V 36 311	05/55	1956	83
V 11	1942	756	V 36 301	1961	01.01.63	08.05.75
V 12	1944	776	V 36 316	12/60	1963	80

Während nahezu zwanzig Jahren bestimmten die V 36[3] bei der MKB das Verkehrsgeschehen auf den Normalspurstrecken rund um Minden. Die MKB war ja stets eine der interessantesten Privatbahnen, zum einen wegen der bis weit in die fünfziger Jahre erhalten gebliebenen Mischung aus Normal- und Schmalspurstrecken, zum andern aber auch wegen ihres abwechslungsreichen Fahrzeugparks, der Tatsache, daß hier ein wirkliches Streckennetz mit Ästen nach Norden, Westen und Süden bestand, und schließlich auch deshalb, weil auf der MKB stets beachtlich lange Züge gefahren wurden, die so gar nicht den Hauch von Bimmelbahnromantik ausstrahlten. Der vielen Streckenkilometer und der zahlreichen Zugleistungen wegen existierte in Minden stets eine leistungsfähige Werkstatt, die auch Arbeiten ausführen konnte, bei denen kleinere Werkstätten kapituliert hätten. Und: Was immer die Werkstatt in Angriff nahm, es kam etwas Ansehnliches dabei heraus. Der Umbau des Reisezugwagens ex-Heidenau-Altenberg, die Neukarossierung von Personenwagen Mitte der fünfziger Jahre, die liebevolle Aufarbeitung und Instandhaltung des betagten Reisezugwagenparks und der Vorkriegs-

Oben: Gerade zweieinhalb Dienstjahre hat die MKB-V 11 am 20. Juli 1965 auf dem Buckel (Friedrich-Wilhelm-Straße).

Mitte: Am 20. August 1965 hat die MKB-V 8 im Bhf Minden-Stadt den Nachmittags-Personenzug Richtung Lübbecke gerade bereitgestellt.

Unten: Typische Zugleistungen für die ehemaligen V 36³ waren bei der MKB die Güter- und Berufsverkehrszüge auf den Strecken Richtung Uchte und Lübbecke. Am 5. April 1963 wartet die V 7 (ex DB V 36 312) in Kreuzkrug die Einfahrt des Triebwagens ab.

Triebwagenveteranen, all das gehörte in Minden zur täglichen Routine.
Die von der Bundesbahn übernommenen V 36 waren also in guten Händen, und man machte etwas aus dieser Splitterbauart. Zunächst wurden die Loks in alle Einzelteile zerlegt, und der Besucher der Hauptwerkstatt stieß damals vor und im Hauptgebäude allenthalben auf V 36-Teile. So nach und nach erstanden dann die Diesellocks neu, nunmehr für Einmannbetrieb eingerichtet, teilweise auch mit neuen Motoren versehen (soweit dies nicht noch zur DB-Zeit geschehen war). Und nach dieser gründlichen Aufarbeitung konnten die Loks tatsächlich fast unentwegt eingesetzt werden, vor schweren Personenzügen im Berufsverkehr morgens und abends, vor Güterzugleistungen in den dazwischenliegenden Stunden. Eine Lok rangierte oftmals im Mindener Bundesbahnhof, eine zweite auf dem kreisbahneigenen Bahnhof an der Friedrich-Wilhelm-Straße. Zwar beschaffte auch die MKB damals einige neuere Diesellocks, doch die Neuzugänge blieben in der Minderheit, sie wirkten bis Anfang der siebziger Jahre fast wie Exoten. Typische MKB-Loks waren damals die sechs ex-V 36^3.

Die schrittweise Aufgabe des Schienen-Personenverkehrs, die teilweise Amputation von Streckenästen, insgesamt aber ein geringer werdendes Verkehrsaufkommen, schließlich auch die Tatsache, daß die V 36 trotz aller Pflege in die Jahre kamen, dies alles machte letztlich einen Ersatz durch wenige, bei alledem aber leistungsfähige neue Triebfahrzeuge erforderlich. Und so gelangten die V 36 auf das Altenteil. Drei von ihnen wurden an Museumsbahnen weiterveräußert, während die übrigen verschrottet wurden.
Die V 8 ex-V 36 314 wurde am 30. 1. 81 an die Museumseisenbahn Minden verkauft, die V 5^{II} ex -V 9, vormals V 36 311, wanderte 1983 zu den Braunschw. Verkehrsfreunden (BLME), die V 4^{II} ex-V 12 war schon 1980 zu den Eisenbahnfreunden Paderborn für den Einsatz auf der Almetalbahn übergewechselt. Von dort ging sie 1984 an das Eisenbahnmuseum Dieringhausen.

Nur ein vorübergehender Notbehelf:
Die V 36^3 der Westfälischen Landes-Eisenbahn

Betr.-Nr.	Baujahr	Fabrik-Nr. DWK	ex DB-V 36	Übernahme	Ausmusterung
0606	1941	693	V 36 315	1960	1970
0607	1941	694	V 36 317	1960	1970
0608	1937	610	V 36 310	1962	1974

Die Westfälische Landes-Eisenbahn (WLE) war zum Zeitpunkt der Übernahme dieser drei ex-V 36^3 eine Bahn, die bereits über einen beachtlichen Park von Diesellocks verfügte. Die V 36 bekamen daher vornehmlich untergeordnete Aufgaben zugewiesen, verdingten sich eher im Verschub, blieben mitunter auch als Reservelocks in Bereitschaft.

Ende Januar 1960 kaufte die WLE von der Maxhütte in Sulzbach-Rosenberg deren Diesellocks 5 und 6, rüstete sie mit neuen MaK-Motoren aus (Ms 301 F), baute sie auf Einmannbedienung um und nahm die Loks am 30. 3. 61 (VL 0606) bzw. am 7. 12. 60 (VL 0607) in Betrieb. Vermutlich Anfang 1962 stieß auch der Einzelgänger V 36 310 vom Bww Hannover hinzu, zuletzt Zuglok im Schienenschleifzug 1. Auch hier gelangte ein MaK-Motor MS 301 F zum Einbau, die Lok wurde auf Einmannbedienung umgebaut und nach erfolgter Hauptuntersuchung am 7. 6. 63 in Betrieb genommen.

Bei der WLE verrichteten die Loks durchweg Verschubaufgaben. So sah man die VL 0608 oft im Bahnhof Warstein. Anhand einiger Vermerke im Betriebsbuch kann auch darauf geschlossen werden, daß von Belecke aus auch die Strecken Richtung Soest und Brilon bedient wurden. In jedem Fall: Die Ära der V 36^3 bei der WLE währte kaum länger als zehn Jahre. Die relativ neuen Motoren wurden ausgebaut, der „Rest" wanderte auf den Schrott. Bedauerlicherweise auch die V 36 310.

Oben: Die ehemalige DB-V 36 310 rangierte lange Jahre hindurch im Bahnhof Warstein der WLE (2. April 1966).

Rechts: Im Jahr 1971 ist von der WLE-VL 607 nur mehr das Gehäuse übriggeblieben.

V 20/V 36 bei Werksbahnen

Werksloks (Ex-DB)

DB-Betr.-Nr.	Hersteller	Baujahr	Fabrik-Nr.	verkauft	an
V 20 022	Gmeinder	1942	9585	06/62	Zuckerfabrik Dinklar
V 20 058	DWK	1943	733	11/63	Hafenbetriebsges. Hildesheim
V 36 102	O & K	1940	21 303	07/80	Zementwerk Schwenk, Karlstadt
V 36 119	Schwartzkopff	1940	11 384	10/80	Zementwerk Schwenk, Heidenheim-Mergelstetten
V 36 227	Deutz	1944	47 180	1950	Industrie-Verwaltungs-Ges. Bonn, Nr. 5
V 36 254	Holmag	1947	2010	12/63	Schamotte- und Tonsteinwerke Ponholz
V 36 262	Holmag	1948	2019	02/81	Papierfabrik Scheufelen, Lenningen, Nr. 1[II]
V 36 315	DWK	1941	693	12/54	Maxhütte, Sulzbach-Rosenberg Lok 5
V 36 317	DWK	1941	694	12/54	Maxhütte, Sulzbach-Rosenberg Lok 6

Werksloks anderer Herkunft

Typ	bei	Hersteller	Baujahr	Fabrik-Nr.
V 20	Kabelwerke Hacketal	Deutz	1941	36 661
V 36	VTG Regensburg (2)	O & K	1939	21 134
V 36	IVG AW Unterhausen (34)	Schwartzkopff	1940	11 007
V 36	BASF Ludwigshafen (D 18)	Schwartzkopff	1941	11 254
V 36	Westdeutsche Quarzwerke Dorsten	Schwartzkopff	1942	11 457
V 36	Zuckerfabrik Wetterau-Friedberg	Schwartzkopff	1942	11 458

Die V 20 von Hacketal wurde 1977 nach erfolgter Aufarbeitung im AW Nürnberg an den Zwischenhändler Glaser verkauft. Die Friedberger V 36 stammt von der Rheinarmee und befindet sich mittlerweile im Besitz der Eisenbahnfreunde Wetterau. BASF-D 18 ist heute DGEG-V 36 127.

Gemessen an der Zahl der Werksloks insgesamt, ist der Anteil von Wehrmachts-V 20 und V 36 gering. Sieben V 36 und zwei V 20 ex-DB nennt die Übersicht; hinzu kommen einige wenige Dieselloks, die Industriebetriebe in den fünfziger und sechziger Jahren aus zweiter oder dritter Hand von US Army bzw. RTC oder von Privat erworben haben. Die Liste ist sicherlich nicht vollständig, da es in diesem Buch in erster Linie um die Bundesbahnloks und ihren weiteren Verbleib geht.

Erwähnt werden müssen in diesem Zusammenhang auch die V 36-Nachbauten der *Deutschen Bundespost*. Hierbei handelt es sich um eine Lieferung des MaK-Vorgängers Holmag und zwei Lieferungen von Deutz. Die Holmag-Lok wurde aus der laufenden Serie 2007–2019 (ursprünglich geplant als DB V 36 151 ff) herausgenommen und an die OPD Hannover für das Bahnpostamt Hannover geliefert. Ablieferung der Fabrik-Nr. 2013 von 1948 ist der 26. 8. 48. Die mit einem Deutz-Motor V6M 436 ausgestattete Lok entsprach ganz dem Typ WR 360 C 14 K. Die beiden anderen Post-V 36 kamen 1951 (Deutz 1951/47 163, Anlieferung 09/51 an das Bahnpostamt Hannover) und 1953 (Deutz 1953/55 725, Anlieferung 11/53 an das

Zu den Rangierloks im Bereich des Hannoveraner Hauptbahnhofs gehörte auch die Bundespost-V 36 „Han 4" von Deutz (23. Juli 1965).

Bahnpostamt Freiburg/Br.). Alle drei zuletzt in Hannover eingesetzten Loks sind längst ausgemustert. Von der 1953er Deutzlok ist bekannt, daß sie im September 1976 nach Italien weiterveräußert worden ist.

V 20/V 36 bei US Army und Rheinarmee

Auch dieses Kapitel soll nur gestreift werden, da hier keine direkten Beziehungen zu den bei der DB verbliebenen V 20/V 36 bestehen.

Sowohl die US Army als auch das Royal Transportation Corps (RTC) der Rheinarmee nahmen zahlreiche ihnen zugefallene V 20/V 36 aus Wehrmachtsbeständen in ihren Besitz. Einige dieser Loks wurden frühzeitig schon weiterverkauft, während andere bis heute bei ihrem Zweitbesitzer, dem RTC, im Einsatz stehen.

Die ex-RTC-V 20 von Deutz (1942/39 662) gelangte später zur Montafonerbahn in Vorarlberg (10.015), während die ex-US-Army-V 20 von Deutz (1943/39 643) zur Steinhudermeerbahn überwechselte (V 262). Die US Army gab auch eine Reihe von V 36 ab, und zwar je eine Schwartzkopfflok von 1939 (10 932) an besagte Montafonerbahn (10.011) und eine weitere von 1940 (11 377) an die ÖBB (2065.02), darüber hinaus eine O & K-Lok (1941/21 460) ebenfalls an die Montafonerbahn (10.012).

Das Royal Transportation Corps veräußerte die bereits erwähnte V 36 an die Zuckerfabrik Wet-

Links: Die V 36 Nr. 11 645 (Schwartzkopff 1942) der Rheinarmee wurde nach dem Krieg bei MaK aufgearbeitet (Foto) und kam über die Montafonerbahn schließlich zur Grazer Schleppbahn.

Mitte: Streckenlok bei der Kleinbahn Kaldenkirchen – Brüggen war am 1. Oktober 1965 die V 36 274 der Rheinarmee (Kaldenkirchen-Süd).

Unten: Die vormalige Bundesbahn-V 20 058 diente bis zur Übernahme durch die Braunschweigische Museumsbahn als Werklok bei der Hildesheimer Hafenbahn (5. Januar 1969).

terau, bediente sich darüber hinaus für eigene Leistungen auf der Kleinbahn Kaldenkirchen-Brüggen und dem dortigen Anschlußgleis der V 36 274 (O & K 1940/21 110) und einer weiteren O & K-Lok (1940/21 132).

Eine als V 36 235 bezeichnete Diesellok diente bis 1985 bei der Rheinarmee, ehe sie an die Museumsbahn ‚Dampfbahn Fränkische Schweiz' verkauft wurde. Die gleichnamige Bundesbahn-V 36 war bereits 10 Jahre zuvor beim Bw Wuppertal ausgemustert worden.

V 20/V 36 bei Museumsbahnen

Es ist erstaunlich, wieviele V 20 und V 36 bei deutschen Museumsbahnen versammelt sind. In der möglicherweise noch nicht einmal vollständigen Liste sind fünf V 20 und 14 V 36 verschiedener Bauarten enthalten.

Einige Museumsbahnen haben sich gleich mehrere Diesellok dieses Typs beschafft, um bei Bedarf Doppeltraktionen zu fahren, Pendelzüge (an jedem Zugende eine Lok, so daß an den Endpunkten das Umsetzen entfällt) laufen zu lassen oder auch bloß, um mehrere Züge zur gleichen Zeit verkehren lassen zu können. Die Zahl von bald zwanzig V 20/V 36 auf Museumsbahnen beweist,

V 20/V 36 bei deutschen Museumsbahnen

Betr.-Nr.	Hersteller	Baujahr	Fabrik-Nr.	eingesetzt bei	Vorbesitzer
V 20 022	Gmeinder	1942	9585	seit 1981 Almetalbahn	06.62 von DB an Zuckerfabrik Dinklar
V 20 035	Deutz	1943	39 654	seit 01/80 BLME	bis 01/80 DB-V 20
V 20 042	Deutz	1943	39 643	seit 1985 Museumseisenbahn Paderborn	vorher Steinhudermeerbahn V 262, ursprünglich US Army, keine DB-Lok
V 20 058	DWK	1943	733	BLME	12/63 von DB an Hafenbetriebsgesellschaft Hildesheim, ex DB V 22 009/ V 20 058
(V 20) 261	Schwartzkopff	1941	11 395	BLME	urspr. Bremervörde-Osterholz V 261, dann Lüchow-Schmarsau, dann BLME, keine DB-V 20
V 36 127	Schwartzkopff	1941	11 254	DGEG Neustadt	BASF D 18, keine DB-Lok
V 36 204	Schwartzkopff	1939	10 991	DGEG Dahlhausen	1978 ex-DB-V 36 204
V 36 225	Deutz	1944	47 154	BLME	1978 ex-DB-V 36 225
V 36 231	O & K	1939	21 129	DGEG Dahlhausen	05/77 ex-DB-V 36 231
V 36 311	DWK	1940	688	BLME	Mindener Kreisbahn V 9–5^{II}, urspr. DB
V 36 314	DWK	1941	691	Museumseisenbahn Minden	Mindener Kreisbahn V 8, urspr. DB
V 36 316	DWK	1944	776	Museum Dieringhausen	Almetalbahn, vorher Mindener Kreisbahn V 12, urspr. DB
V 36 401	MaK	1950	360 010	Museumsbahn e. V. Darmstadt	11/78 ex-DB- V 36 401
V 36 405	MaK	1950	360 014	Hist. Eisenbahn Frankfurt	1981 ex-DB-V 36 405
V 36 406	MaK	1950	360 014	Hist. Eisenbahn Frankfurt	1979 ex-DB-V 36 406
V 36 411	MaK	1950	360 020	Museumsbahn e. V. Darmstadt	1979 ex-DB-V 36 411
(V 36) 31	O & K	1941	21 461	Dampfbahn-Gemeinsch. Salzgitter	1982 ex-Rinteln-Stadthagen V 31, vorher Kassel-Naumburg, ursp. Muna Wolfhagen
(V 36)	Schwartzkopff	1942	11 458	Eisenbahnfreunde Wetterau	Zuckerfabrik Wetterau, Friedberg, vorher US Army
(V 36) 6	Jung	1939	8506	Dampfbahn Fränk. Schweiz	08/85 ex-Rheinarmee

Oben: Die DB-V 20 022 wurde 1962 an die Zuckerfabrik Dinklar verkauft und gelangte schließlich zur Almetalbahn (Juli 1984).

Unten: Der DGEG-Museumszug mit V 36 231 ist immer wieder im Ruhrgebiet unterwegs, wie hier am 29. April 1979 auf der Rheinischen Strecke zwischen Wuppertal-Wichlinghausen und Wuppertal-Heubruch.

daß auch diese Baureihen mittlerweile zu den Oldtimern gezählt werden, sie also „aufhebenswert" geworden sind. Dies ist sicherlich eine erfreuliche Tatsache, weil mit diesen Museumsbahneinsätzen sichergestellt ist, daß auch in absehbarer Zukunft noch V 36 auf Strecke erlebt werden können, gleichgültig, ob es sich um eine Bundesbahn- oder eine Privatbahnstrecke handelt, gleichgültig auch, ob es eine ehemalige Bundesbahnlok oder „nur" eine Ex-Wehrmachts-V 36 ist.

Wer an solchen Sonderfahrten mit der V 20/V 36 teilgenommen hat, der kann den dieselbespannten Zügen eine gewisse Atmosphäre nicht absprechen. Das für heutige Verhältnisse „vorsintflutliche" Aussehen, der lange, hohe Vorbau und das im Vergleich dazu niedrige Führerhaus, das sonore Brummen des MWM- oder Deutz-Diesels, überhaupt die vielen verschiedenen Geräusche, die solch eine Lokomotive im Laufe der Fahrt von sich gibt, dies alles belegt, daß auch eine Diesellok ein abwechslungsreiches Gefährt sein kann, daß auch bei Diesel-Zügen so etwas wie Eisenbahnromantik (man möge mir dieses arg strapazierte Wort verzeihen) erlebt werden kann.

Anhang: V 20 und V 36 außerhalb des Bereichs der DB

Bei der Vorgeschichte der Bundesbahn-V 20 und V 36 war es unbedingt notwendig, auch auf die Wehrmachtsbeschaffungen einzugehen, denn aus diesen rekrutierte sich ein Großteil der späteren V 36$^{0-3}$. Ebenso mußte in einem gesonderten Kapitel der Einsatz der V 20 und V 36 bei Werks-, Privat- und Museumsbahnen abgehandelt werden, denn auch hier gibt es zahlreiche Querverbindungen zur DB. Anders verhält es sich nun bei den V 20/V 36 in der DDR, in Frankreich, Dänemark, Österreich, Ungarn und andernorts. Um diese Einsätze lückenlos zu erfassen, bedürfte es sehr aufwendiger Nachforschungen, eine Arbeit, die dann wohl doch wieder am Ende nur ein erstauntes „Aha!" produzieren würde, denn die Geschichte von da und dort vereinzelt eingesetzten Rangierlokomotiven ist nun einmal alles andere als aufregend. So sei an dieser Stelle nurmehr tabellarisch aufgelistet bzw. stichwortartig abgehandelt, was bei einer Durchsicht der Literatur und als spontane Reaktion von Eisenbahnfreunden zusammen kam.

Deutsche Reichsbahn

V 36 bei der Deutschen Reichsbahn

Betriebsnummer DR 1949	Betriebsnummer 1957	Betriebsnummer 1970	Hersteller	Baujahr	Fabrik-Nr.	Bemerkung
V 36 101	V 36 015	103 015-4	Schwartzkopff	1943	12048	
V 36 226	V 36 016	103 016-2	Schwartzkopff	1939	10843	
V 36 292	V 36 017	103 017-0	Schwartzkopff	1940	11378	
?	V 36 018	103 018-8	Schwartzkopff	1939	10985	
V 36 105	V 36 019	103 019-6	Deutz	1943	39627	
?	V 36 020	–	Schwartzkopff	1939	10722	+
?	V 36 021	103 021-2	Schwartzkopff	1939	10933	
V 36 356	V 36 022	103 022-0	Schwartzkopff	1939	10936	
V 36 628	V 36 023	103 023-8	Deutz	1943	36628	
V 36 110	V 36 024	103 024-6	Deutz	1944	47153	
V 36 103	V 36 025	103 025-3	O & K	1939	21103	
V 36 107	V 36 026	103 026-1	O & K	1939	21107	
V 36 627	V 36 027	103 027-9	Deutz	1943	36627	
?	V 36 028	103 028-7	O & K	1939	21135	
?	V 36 029	103 029-5	O & K	1939	21136	
?	V 36 030	103 030-3	O & K	1941	21462	
?	V 36 031	103 031-1	O & K	1941	21482	
?	V 36 032	103 032-9	O & K	1941	21484	
V 36 2005	V 36 033	103 033-7	DWK	1944	2005	
V 36 221	V 36 034	103 034-5	Schwartzkopff	1939	10840	
V 36 104	(V 36 035)	–	Schwartzkopff	1943	12044	+ 60
V 36 106	(V 36 036)	–	Schwartzkopff	1939	10866	+ 60
V 36 108	–					+ 59
V 36 109	V 36 050	–	DWK	1940	686	+ 64
V 36 695	(V 36 051)	–	DWK	1942	695	+ 60
V 36 757	(V 36 052)	–	DWK	1943	757	+ 64
V 36 779	V 36 053	–	DWK	1944	779	+ 63
?	V 36 060	–	Schwartzkopff	1942	11653	+ 67
V 36 102	V 36 061	103 061-8	Schwartzkopff			
V 36 294	V 36 062	103 062-6	Schwartzkopff	1940	11380	
V 36 295	V 36 063	103 063-4	Schwartzkopff	1940	11381	
V 36 700	V 36 064		Schwartzkopff	1943	12033	+ 67
V 36 701	V 36 065		Schwartzkopff	1943	11699	+ 64
?	V 36 066	(103 066-7)	Schwartzkopff	1942	11649	+ 66
?	V 36 067	–	Schwartzkopff	1942	11648	+
?	V 36 080	–	Schwartzkopff	1942	11466	+ 63

DR-V 36 105 = V 36 019 = 103 019−6 im Mai 1983 in Neuruppin.

Die bei Schadow (S. 98) enthaltene Liste wird im Einzelfall sicherlich ergänzungsbedürftig sein. Bei ihrer Wiedergabe wurde auch auf die Wehrmachts-Betriebsnummern verzichtet und nur die ursprüngliche DR-Betriebsnummer, die 1957 wirksame Betriebsnummer und die 1970 vollzogene Umzeichnung erwähnt.

Die zunächst durchweg unter ihrer alten Wehrmachts-Betriebsnummer eingereihten V 36 (man beachte die Ähnlichkeit mit den Fabriknummern!) wurden 1957 entsprechend ihrer Motorausstattung in Nummernreihen zuammengefaßt. V 36 015−036 waren Deutzloks, V 36 050−053 waren MWM-Loks, V 36 060−067 waren DWK-Loks und die V 36 080 hatte einen Diesel des Motorenwerks Johannistal (MWJ), den schnellaufenden Typ 8KVD 21, erhalten. Dieser befriedigte jedoch nicht. Mitte der sechziger Jahre wurde in etwa 25 V 36 ein langsamlaufender Motor vom Typ 6 NVD 36 des VEB Schwermaschinenbau „Karl Liebknecht" (SKL) eingebaut. Das ursprüngliche Voith-Getriebe blieb.

Der Einsatz der DR-V 36 weist Parallelen zum Einsatz bei der DB auf: teilweise Nebenbahndienste, im Schlepp mit VB oder ausgedienten VT, lupenreine Züge aus Einheits-Ci, beschauliche Kleinbahn-Güterzüge, untergeordneter Verschub, Sonderzugdienste (man denke an das Bild des FDJ-Ausflugszugs mit vier VB im „modelleisenbahner") und − wie bei der DB − Verschub im Ölhafen, hier in Wismar, wo die Loks ab 1955 zum Einsatz gelangten. Das Bw Wismar war denn auch eines der beiden letzten Bws, wo V 36 beheimatet waren, im Sommer 1979 die 103 015, 022, 027 und 033. Darüber hinaus verfügte das Bw Neuruppin über die 103 016 und 019. Die 103 027, nun wieder umbezeichnet in V 36 027, gehört zum Museumsbestand der DR.

Hingewiesen werden soll auch auf die mit 200 PS-Motoren versehenen zwei- und dreiachsigen Wehrmachtsloks V 36 622 (→ V 20 006), V 36 668 (→ 20 007) und V 36 669 (→ V 20 008), einige der vielen DWK-Loks, die teilweise direkt an Privatbahnen im Bereich der heutigen DDR gelangten

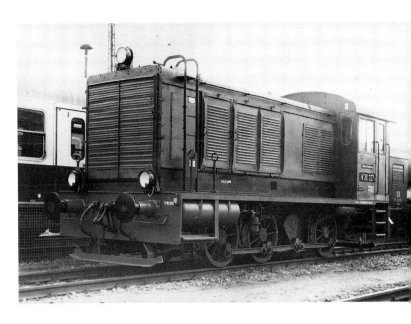

Die Reichsbahn-V 36 027 gehört zum Museumsbestand der DR (Wriezener Bhf, 11. Juni 1985).

(das Landesverkehrsamt Brandenburg war hier besonders rührig), teils auch über Wehrmachts-Dienststellen dorthin kamen. Es gab in den frühen fünfziger Jahren eine ganze Reihe solcher Loks, die teils als V 15 oder V 16, teils auch als Kleinloks im Bestand der DR waren, oftmals zu Werkloks degradiert wurden und so für die Eisenbahnfreunde allmählich aus dem Blickfeld verschwanden. Um Licht in diese verwirrenden Loknummern wie V 16 072, V 15 040, V 22 045–047 zu bringen, bedarf es noch mancher Nachforschungen, die den Rahmen dieses Buchs sprengen würden.

Österreich

Es gibt auch in Österreich unglaublich viele Spuren von ehemaligen Wehrmachts-Dieselloks im Bereich 200 bis 360 PS. Da die meisten dieser Loks bis heute in der Regel einen bewegten Lebenslauf hinter sich haben, ist es müßig, sie bei sämtlichen Bahnen im Detail abzuhandeln. Deshalb zunächst eine Übersicht über die Fahrzeuge, um die es hier geht:

lfd. Nr.	Hersteller	Baujahr	Fabriknummer	Typ
1	Schwartzkopff	1939	10 932	siehe Text
2	Schwartzkopff	1940	11 377	WR 360 C 14
3	Schwartzkopff	1940		WR 360 C 14
4	Schwartzkopff	1942	11 645	WR 360 C 14
5	O & K	1941	21 460	WR 360 C 14
6	O & K	1941	21 541	WR 360 C 14
7	Deutz	1940	27 306	WR 200B
8	Deutz	1940	55 101	WR 360 C 14
9	Deutz	1943	39 662	WR 200B
10	Deutz	1948	46 838	V 36-Nachbau
11	DWK	1938	642	220 B
12	DWK	1940	687	360 C
13	DWK	1944	760	360 C

Bei mehreren Loks in der Leistungsklasse 100/200/360 PS fungierten das US-Transportation Corps (USTC) bzw. die britische Rheinarmee als Zwischenbesitzer, und es gab später auch bei der

ÖBB für einige Zeit entsprechende Baureihenbezeichnungen: 2061.0 für eine ehemalige WR 200 B sowie 2065.0 für insgesamt drei WR 360 C. Die Montafonerbahn Bludenz-Schruns (MBS) entdeckte ab Mitte der sechziger Jahre die Vorzüge der V 20 bzw. V 36 und hatte im Laufe der Jahre so manche dieser Loks auf ihrer „Österreich-Rundreise" im Bestand. Ebenso konzentrierte sich der Einsatz dieser Loks auf den Raum Graz (Graz-Köflacher Bahn [GKB], Grazer Schleppbahn-Gesellschaft [GSG] und Andritzer Schleppbahn [ASG]).

Die ÖBB-Loks:

lfd. Nr. der Tab.	urspr. Bezeichnung	Betriebsnummer ÖBB	Verbleib
7		2061.01	29.04.66 an Schleppbahn Liesing
8	55 101	2065.01	23.11.68 an Alpine Montan für GKB
2	3002	2065.02	+ 01.10.68
3	1001	2065.03	+ 25.04.61

Die MBS-Loks:

lfd. Nr. der Tab.	Vorbesitzer	Betriebsnummer MBS	von/bis	Verbleib
1	USTC	10.011	1965–69	Mayr-Melnhof
5	USTC 3001	10.012	1967–68	ASG
4	Brit. Rhein.	10.014	1969	GSG
9	Brit. Rhein.	10.015	1969–70	ZF Dürnkrut
6	Tauernkraftw.	leihw.	1969–71	GSG

Raum Graz:

lfd. Nr. der Tab.	Vorbesitzer	neuer Besitzer	von/bis	Verbleib
8	ÖBB 2065.01	GKB DH 360.1	1968–	1985 i. E.
4	MBS 10.014	GSG DL 1	1969–	1985 i. E.
6	Tauernkraftw.	GSG DL 2	1971–84	an ASG
5	MBS 10.012	ASG 3	1968–85	1985 abg.
10	AKN 2.006	ASG 4	1973	1985 i. E.

Anm.: Aus lfd. Nr. 5 und 6 sollte 1985 eine neue, betriebsfähige Lok entstehen.

Nach dieser Übersicht sollen die einzelnen Loks in knapper Form chronologisch abgehandelt werden:

lfd. Nr. 1 entspricht äußerlich der WR 360 C, verfügt jedoch nur über 240 PS. Von der Wirtschaftlichen Forschungsgesellschaft Berlin gelangte sie 1945 zum USTC und von dort 1965 an MBS (10.011). 1969 wurde die Lok an die Mayr-Melnhof'sche Kartonfabrik Frohnleiten weiterveräußert. 1985 existierte sie dort noch als Reservelok.

lfd. Nr. 2 war USTC 3002, dann ÖBB 2065.02 und wurde als solche 1968 ausgemustert.

lfd. Nr. 3 war USTC 1001, dann ÖBB 2065.03 und wurde als solche 1961 ausgemustert.

lfd. Nr. 4 gelangte 1945 zur britischen Rheinarmee, wurde 1969 an MBS verkauft (10.014) und von dieser noch im selben Jahre nach Graz (GSG) abgegeben.

lfd. Nr. 5 war USTC 3001, wurde 1967 V 10.012 bei MBS und gelangte 1968 nach Graz (ASG).

lfd. Nr. 6 wurde 1942 an die Alpen-Elektrowerke Wien geliefert, verkehrte auf der Anschlußbahn Kaprun, gehörte nach dem Krieg der Nachfolgegesellschaft Tauernkraftwerke (TKW) und wurde nach einer Modernisierung in der Hauptwerkstatt St. Pölten entsprechend dem ÖBB-Schema mit 2065.11 bezeichnet, ohne in den Besitz der ÖBB überzugehen. Die TKW verlieh die Lok 1969–71 an MBS und verkaufte sie dann nach Graz (GSG).

Oben: Mit der V 10 011 leitete die Montafonerbahn 1965 die Verdieselung des Güterverkehrs ein (Tschagguns, 2. März 1968).

Unten: V 36 in Doppeltraktion, das konnte man am 8. September 1982 bei der Andrizer Schleppbahn beobachten, als Lok 4 und 3 mit vereinten Kräften einen schweren Güterzug zur ÖBB-Übergabe Graz-Gösling brachten.

Aus ASG Lok 3 und GSG-DL 2 sollte 1985 eine neue, betriebsfähige Lok entstehen.

lfd. Nr. 7 wurde nach dem Krieg als ÖBB 2061.01 eingereiht, 1966 an die Schleppbahn Liesing verkauft und 1983 an den Verband der Eisenbahnfreunde Wien (VEF) abgegeben.

lfd. Nr. 8 kam von der Wehrmacht zur ÖBB (2065.01), wurde nach ihrem Verkauf 1968 bei der Alpinen Montan für die GKB umgebaut, verkehrte dort im Güterzugdienst auf der Sulmtalbahn, wurde mehrfach modernisiert (zuletzt: neuer Motor der Jenbacher Werke JW 400 mit niedrigerem Vorbau) und war 1985 noch als Bauzuglok im Einsatz.

Die Wintersonne leuchtet die DL 1 der Grazer Schleppbahn vorzüglich aus, wie sie den Verschub entlang der Mur besorgt (16. Februar 1983).

lfd. Nr. 9 kam über die britische Rheinarmee 1969 an MBS (10.015), wurde 1970 an die Zuckerfabrik Dürnkrut weiterverkauft, wurde dann an die Zuckerfabrik Hohenau abgegeben und war 1985 Reservelok für die Zuckerfabriken Hohenau und Leopoldsdorf.

lfd. Nr. 10 ist ein V 36-Nachbau für die Bergedorf-Geesthachter Eisenbahn, wurde von der Eisenbahngesellschaft Altona-Kaltenkirchen-Neumünster übernommen und von dieser nach zwischenzeitlicher Modernisierung 1973 nach Graz (ASG) verkauft.

lfd. Nr. 11 war Eigentum der Luftwaffe in Linz und wurde dort nach dem Krieg beim Eisenstahlwerk Linz eingesetzt.

lfd. Nr. 12 war lt. Lieferliste 1940 an die Luftwaffe gekommen. Ein zeitweiliger Einsatz bei der ÖBB wäre immerhin denkbar.

lfd. Nr. 13 schließlich ist ebenfalls eine ehemalige Luftwaffen-V 36, die dann bei der Schiffswerft Linz im Einsatz war, 1952 an die heutige Chemie Linz, Werk Linz, verkauft wurde, 1976 nach Enns weiterveräußert wurde und 1984 auf das Abstellgleis gelangte. 1985 fand sie sich bei einem Schrotthandel, Lang (Traun), wieder.

Durch den Einbau eines neuen Motors konnte der Vorbau der V 360 1 der Graz-Köflacher Bahn niedriger gehalten werden (Graz KB, 29. Juli 1976).

Dänemark/Schweden

Ein weiterer Jung-Nachbau (1951/11 490) einer V 36 wurde 1951 von einer Anschlußbahn im schwedischen Degerfors gekauft (Nr. 2). 1963 wurde die Lok an die dänische Privatbahn Troldhede-Kolding-Vejen Jernbane (M 2) weitergereicht und von dieser bis zur Betriebseinstellung 1968 überwiegend im Güterverkehr eingesetzt. 1970 wurde die Maschine bei der Lollandsbanen als M 14 in Dienst gestellt. Ihre Bewährungsprobe legte sie im Schneewinter 1978/79 als Räumfahrzeug ab. Darüber hinaus kann man sie auch gelegentlich im Rangierverkehr sehen. Aus Wehrmachtsbeständen verblieb nach dem Krieg wenigstens eine V 36 in Dänemark. 1947 wurde sie von der DSB als Rangierlok 1 in Dienst gestellt. Die mit einem MWM-Motor ausgestattete Lok wurde 1957/58 anläßlich einer Hauptuntersuchung grün lackiert, war als Rangierlok auf dem

Die Lok 14 der Lollandsbanen – hier in Maribo – ist ein Nachbau von Jung.

Kopenhagener Güterbahnhof überwiegend als Lokeinsatz 9 mit der Beförderung fertig zusammengestellter Güterzüge zum Abgangsgleis beschäftigt, ehe nach einem kurzzeitigen Einsatz in Vingerslev 1959 ein Achsbruch der Karriere der Lok 1 ein vorzeitiges Ende setzte.

Frankreich

Insgesamt zehn V 36 wurden nach dem Krieg von der SNCF übernommen und zunächst als 030-DB-1 bis 10 in deren Fahrzeugpark eingereiht. Später wurde aus ihnen die Reihe Y 50100 (Nr. 50101– 101). 25 Jahre hindurch waren sie im Bezirk der ehemaligen Nordbahn im Einsatz, zunächst beim Bw La Chapelle im Bereich Ermont, ab 1950 dann bei den Bws La Plaine, Amiens und Compiègne.

Ebenfalls von Jung stammt die einzige V 36, die M 30 2001.

Kurz währte die Beheimatung bei den Bws Lille (030-DB-1 und 9) bzw. Laon (6, 7, 8). 1958 wurden alle Loks endgültig im Bw Compiègne zusammengefaßt, verdingten sich im Bereich der Rangierbahnhöfe Compiègne, St. Quentin und Soissons und nahmen dort auch einzelne Übergabefahrten wahr.

Nach der Auflösung des Bws Compiègne wurden die mittlerweile in Y 50100 umgezeichneten Loks 1968 dem Bw Aulnoye zugeschlagen; ihre Einsatzorte blieben weitgehend unverändert. Die Ausmusterung vollzog sich in mehreren Etappen und war 1972 abgeschlossen
– Ende 1970: 50103, 7–10
– 1971: 50101, 4–6
– 07. 4. 72: 50102.

Erwähnt werden soll der zeitweilige Einsatz auf der nach dem Krieg umgespurten Privatbahn Pontcharra-La Rochette, die um das Jahr 1950 den Einsatz dieselhydraulischer Lokomotiven auf ihrer Strecke testen wollte, ehe sie sich 1954 selbst ein solches Fahrzeug zulegte.

Andere Länder

Italien
Die italienische Staatsbahn hat aus Wehrmachtsbeständen drei V 36 übernommen und als 236.001–003 in ihren Bestand eingereiht. Ob die an einer Stelle genannte Angabe „1942, Deutz-Motor" für alle drei Maschinen gilt, ist nicht erwiesen.

Ungarn
Hinter der MAV-Lok M 322.4001, später M 30.2001, verbirgt sich der Jung-Nachbau 1950/10856. Ursprünglich war die Lok für die Ozd Hüttenwerke beschafft worden (Nr. 35), kam 1952 an die MAV und wurde dort für Versuche mit hydraulischer Kraftübertragung verwendet. 1960 musterte die MAV sie aus und verschrottete den Einzelgänger.

Tschechoslowakei
Der Text im *Běk* bringt leider nicht alle erwünschten Angaben über die beiden V 36-Baureihen der CSD. Die Baureihe T 333.1 stammte von Deutz, die Baureihe T 334.0 von Deutz und MAN. Mit Ausnahme der T 334.04 (es gab also wenigstens vier T 334.0) – die über einen MAN-Motor verfügte – waren in alle ehemaligen Wehrmachtsloks Deutz-Motoren eingebaut. Wegen ihrer geringen Stückzahl wurden die Loks wenigstens bis Ende der sechziger Jahre fast nur im Rangierdienst eingesetzt.

Rumänien
Hier soll der Hinweis auf den Aufsatz von Koch im Beiheft der MTZ von 1948 genügen: „Schwartzkopff lieferte 1942 mehrere V 36 mit Deutz-Motor an die rumänische Staatsbahn. Zwei dieser Loks wurden vorher ausgiebig beim Versuchsamt für Lokomotiven und Triebwagen der Deutschen Reichsbahn getestet."

Literatur

BĚK, Jindrich: Atlas Lokomotiv 2. Prag 1969.
ENGELMANN, Max u. LUDWIG, Herbert: Handbuch der Dieseltriebfahrzeuge der Deutschen Bundesbahn. (GDL-Verlag) Frankfurt 1963.
GLATTE, Wolfgang: Diesellokomotiven deutscher Eisenbahnen. (Transpress) Berlin-Ost 1981.
GOTTWALDT, Alfred B.: Deutsche Kriegslokomotiven 1939–1945. (Franckh) Stuttgart 1973.
LAURITSEN, Tom: Danske lokomotiver og motorvogne 1/1 1973. (Stenvall) Malmö 1973.
Merkbuch für die Schienenfahrzeuge der Deutschen Bundesbahn DV 939–III. Brennkrafttriebfahrzeuge einschl. Steuer- und Beiwagen. Ausgabe 1952 (939 c).
Merkbuch für die Schienenfahrzeuge der Deutschen Bundesbahn DV 939c – Brennkrafttriebfahrzeuge einschl. zugehöriger Steuer-, Mittel- und Beiwagen. Gültig vom 1. Januar 1970 an.
POULSEN, John: Motormateriellet fra udenlandske fabrikker før 1945. (bane bøger) Roskilde 1984.
SCHADOW, Fritz: Lokomotivverzeichnis DB + DR (Röhr) Krefeld.

ALBRECHT, Rudolf: Diesellokomotiven der Baureihe V 36. In: Der Modelleisenbahner. Berlin-Ost Heft 6/1963, S. 167 + 168.
BACKES, Hans: Wendezugbetrieb im Raum Wuppertal. In: Eisenbahn-Kurier. Freiburg Heft 6/1985, S. 40–45.
BENOIST, Gregor u. WILCZEK, Otto: Das Bundesbahn-Ausbesserungswerk Nürnberg. (Eisenbahn-Kurier) Freiburg 1980.
COLLARDEY, Bernard: Disparition des locotracteurs diesels Y 50100. In: La Vie du Rail Nr. 1357, Paris 10. 9. 72.
FLEMMING, Friedrich: Die Entwicklung der Dieselzugförderung bei der Deutschen Bundesbahn nach dem Zweiten Weltkrieg – Rückblick und Ausblick. In: Die Bundesbahn (32) 1958, Darmstadt 1958, S. 1221–1230.

GÖSSL, Nikolaus: Die Entwicklung dieselhydraulischer Lokomotiven bei der Deutschen Bundesbahn. In: Krauß-Maffei-Informationen, ca. 1954.
HERRMANN, Heinrich: 360-PS-Diesel-Lokomotive mit Krupp-Strömungsgetriebe. In: Die Lokomotive (37), Bielefeld Dezember 1940, S. 165–168.
JACOB, Axel: Die Wehrmachts-Diesellokomotiven 270 und 236. In: eisenbahn magazin, Düsseldorf Heft 10/1978, S. 22–24.
KÄSTNER, Günter: Die 360-PS-Diesellokomotiven Bauart DWK. In: Lok Magazin 40, Stuttgart 2/1970, S. 74–77.
KLEBES, Günther: Rangierlokomotiven der deutschen Bundespost. In: eisenbahn magazin, Düsseldorf Heft 4/1977, S. 16 + 17.
KOCH, Karl: Kurze Beschreibung des Aufbaues und Ergebnisse der versuchstechnischen Durchprüfung zweier 360-PS-Motorlokomotiven. In: MTZ Stuttgart Beiheft I/1949, S. 48–53.
LINDEN, Josef: Die Motorlokomotiven der Klöckner-Humboldt-Deutz AG, 2. Teil.: DGEG-Jahrbuch 9, 1976/7. Heilbronn 1977, S. 16–21.
MOHRSTEDT, Herbert: Neuzeitlicher Hochleistungs-Werksverkehr. In: Glasers Ann. 1468, Berlin 15. 8. 38, S. 220–227.
NEUMANN, Alfred u. KUGEL, F.: Dieselhydraulische Lokomotiven im Verschiebedienst. In: Die Lokomotive (38), Bielefeld März 1941, S. 33–42.
NEUMANN, Alfred: Typisierung von Motorlokomotiven. In: MTZ Stuttgart Heft 12/1942, S. 449–453.
PFLUG, Erhard: Dieselfahrzeuge helfen sparen. In: Die Bundesbahn (28), Darmstadt Heft 21/1954, S. 1019–1029.
RIEDIG, Fr.: Strömungsgetriebe für Diesellokomotiven. In: Glasers Ann., Berlin 15. 5. 40, S. 93–96.
SCHMUNDT, H.: Motorlokomotiven im Nahverkehr. In: Die Bundesbahn (24), Darmstadt Heft 14/1950, S. 364–371.

WAGNER, R. P.: Die Beschleunigung des Güterzugverkehrs mittels der Dampf- und der Motorlokomotive. In: ZMEV (78), Berlin Heft 52/1938, S. 993–997.

Abbildungsnachweis

Berger 85 (u.), 95
Slg. Berger 90 (o.)
BD Hamburg 86
Große 37 (u.), 69 (u.), 70, 78
Gutmann 2, 19 (u.), 32, 38, 57 (m.), 59, 77, 79, 80, 109 (u.)
Slg. Gutmann 43, 63 (u.), 75
Herbener 21, 60 (u.)
Iken 87
Inkeller 44, 57 (u.)
Kieper 116
MaK 13, 15, 16, 19 (o.), 22, 24, 28, 30, 45, 49, 97, 112 (o.)
Melcher 69 (m.), 85 (o.)
Moser 119 (u.), 120, 121
O & K 11
Slg Poulsen 122
Reimann 53 (u.), 60 (m.), 69 (o.) 114 (u.)
Slg. Reimann 117
Rohweder 37 (o.)
Schwartzkopff 6, 9
Slg. Dr. Seidel 82
Todt 48, 57 (o.), 60 (o.), 63 (o.), 66, 83, 89, 93, 101 (u.), 102, 103, 105 (u.), 114 (o.)
Slg. Villanyi 123
Wohlfarth 31
Slg. Wohlfarth 8
Alle anderen Fotos oder Zeichnungen stammen vom Verfasser.

Mein Dank gilt den Herren Große (Schwalbach/Ts), Gutmann (Schwabbruck), Schmahl (Aachen), Dr. Seidel (Schwäbisch Gmünd) und Wohlfarth (Bad Nenndorf), die mir in vielfältiger Weise mit Informationen zur Verfügung gestanden haben, darüber hinaus dem Archiv von Krupp-MaK (Kiel), namentlich Herrn Asmussen, der vieles zur frühen Geschichte der V 36 beitragen konnte. Außerdem sei all den anderen Eisenbahnfreunden gedankt, die ihre Archive nach Bildern der V 20 und V 36 durchforstet haben.

Der Uerdinger Schienenbus
Nebenbahnretter und Exportschlager
Rolf Löttgers zeichnet die Geschichte der „Uerdinger" von Anfang bis zum (absehbaren) Ende nach; er beschreibt die verschiedenen Typen und weist sämtliche Fahrzeuge mit ihren wesentlichen Daten lückenlos nach. 160 S., 135 Abb., kt.

Die Akkutriebwagen der Deutschen Bundesbahn ETA 150 und 176
Mit zahlreichen Fotos und Streckenkarten erinnert das Buch an die Zeit, als diese umweltfreundlichen Triebwagen zwischen Husum und München im Einsatz waren, und nennt wesentliche Daten aller Fahrzeuge von der Abnahme bis zum Frühjahr 1985 bzw. bis zur Ausmusterung. 141 S., 132 Abb., kt.

Bitte fordern Sie unseren kostenlosen Farbprospekt an bei Franckh/Kosmos, Postfach 640, 7000 Stuttgart 1!

Privatbahnen in Deutschland: Die Deutsche Eisenbahn-Gesellschaft 1960–1969
Die deutschen Privatbahnen erlebten in den sechziger Jahren ihre letzte Blüte. Da gab es noch dichte Fahrpläne, lange Güterzüge, das Nebeneinander von Dampf- und Dieseltraktion. Der Band stellt eine der großen Nebenbahn-Gesellschaften vor. 143 S., 139 Abb., 22 Streckenktn., kt.

Die Kleinbahnzeit in Farbe
Deutsche Privatbahnen in den sechziger Jahren
Bis Ende des Jahres 1960 gab es in der Bundesrepublik Deutschland noch 170 private Eisenbahnen, die Aufgaben des öffentlichen Verkehrs wahrnahmen. Die Streckenlängen lagen zwischen unter fünf und weit über dreihundert Kilometern; entsprechend unterschiedlich war ihr Fahrzeugbestand, waren die erbrachten Leistungen. Die Abkehr vom Dampf machten die Privatbahnen noch mit. Doch die letzten größeren Serien von Diesel-Triebwagen wurden 1960–1963 in Dienst gestellt, und zwanzig Jahre später war die Herrlichkeit vorbei. In die sechziger Jahre, als die Welt der Kleinbahn noch weitgehend intakt war, führt dieses Buch. 159 S., 178 farb. Abb., geb.

Überall dort, wo es Bücher gibt!

franckh BÜCHER VON ROLF LÖTTGERS

Alfred B. Gottwaldt
Die Baureihe 61 und der Henschel-Wegmann-Zug
Die Geschichte eines Salonwagenzuges und seiner Dampf-Lokomotiven
Alle Stationen in der bewegten Geschichte dieses legendären Zuges und seiner Dampfloks werden ausführlich dokumentiert. 144 S., 161 Abb., kt.

Alfred B. Gottwaldt
Baureihe 05-Schnellste Dampflok der Welt
Die Geschichte einer Stromlinienlokomotive der dreißiger Jahre
Die langwierige Entwicklungsgeschichte dieser Dampflokomotiven, ihr Bau bei Borsig und ihre Erprobung, die Rekordfahrt und der Betriebseinsatz zwischen Hamburg und Berlin sind in diesem großzügig ausgestatteten Bildband dargestellt: Werkfotos und Pressebilder, Konstruktionsskizzen und Meßwagendiagramme lassen keinen wichtigen Aspekt in der Geschichte dieser faszinierenden Maschinen außer Betracht. 128 S., 197 Abb., geb.

Überall dort, wo es Bücher gibt!

Wolfgang Messerschmidt
Die P8
Stationen einer internationalen Entwicklung
Als die P8 im Jahre 1906 ihren Dienst antrat, ahnten ihre Konstrukteure noch nicht im entferntesten, daß diese „Kreation" bis zum Jahre 1939 nachgebaut und eine Auflage von rund 4000 Einheiten erleben würde. Der Autor schrieb das Buch als Zeitgenosse, der die P8 als Bahnreisender und als im Führerstand mitfahrender Eisenbahnpionier in Polen und Rußland kennengelernt hat. 160 S., 159 Abb., 6 Tab., kt.

Theodor Düring
Die deutschen Schnellzug-Dampflokomotiven der Einheitsbauart
Die Baureihe 01 bis 04 der Typenreihe 1925
Dieses Buch beschreibt die bis zur Mitte der dreißiger Jahre entwickelten Einheits-Schnellzuglokomotiven der Baureihen 01 bis 04. Nach einer Einführung in die Vorgeschichte, die zur Entstehung der Einheitslokomotiven geführt hat, werden die Grundsätze von Normung, Standardisierung und Typisierung, die Entstehung, Bauart und Wirkungsweise der Baureihen 01 bis 04 geschildert. 360 S., 282 Abb., geb.

franckh ERLEBNIS EISENBAHN